Einführung in die theoretische Physik

Band V

Statistische Mechanik

von

Dr.-Ing. Werner Döring

o. Prof. an der Universität Hamburg

Mit 10 Abbildungen

Zweite, umgearbeitete Auflage

Sammlung Göschen Band 1017

Walter de Gruyter & Co · Berlin 1966

vormals G. J. Göschen'sche Verlagshandlung · J. Guttentag, Verlagsbuchhandlung · Georg Reimer · Karl J. Trübner · Veit & Comp.

Die Gesamtdarstellung umfaßt folgende Bände:

I.	Mechanik	(Band 76)
II.	Das elektromagnetische Feld	(Band 77)
III.	Optik	(Band 78)
IV.	Thermodynamik	(Band 374)
V.	Statistische Mechanik	(Band 1017)

Zur Bezeichnung:

Eine Formel des gleichen Paragraphen wird in diesem Buch durch eine arabische Ziffer in Klammern zitiert. Bei Formeln aus anderen Paragraphen des gleichen Buches wird die Nummer des Paragraphen hinzugefügt, z. B. (§ 2; 3). Bei Formeln aus anderen Teilbänden dieser Gesamtdarstellung ist der Band durch eine römische Ziffer nach obiger Liste angegeben, z. B. (IV; § 3; 5) = Formel 5 aus § 3 des Bandes Thermodynamik. Die Formelnummern beziehen sich stets auf die 2. Auflage.

Vektoren sind durch Fettdruck bezeichnet

$\boldsymbol{a} \cdot \boldsymbol{b}$ bedeutet das skalare Produkt der Vektoren $\boldsymbol{a}$ und $\boldsymbol{b}$

$\boldsymbol{a} \times \boldsymbol{b}$ bedeutet das Vektorprodukt von $\boldsymbol{a}$ und $\boldsymbol{b}$.

 — Archiv-Nr. 77 40 66 4. — Satz und Druck: Walter de Gruyter & Co., Berlin 30. — Printed in Germany

Inhaltsverzeichnis

Verzeichnis einiger einschlägiger Werke

a) Werke über das Gesamtgebiet der theoretischen Physik

F. Hund: *Theoretische Physik* (3 Bände). 3. Bd.: *Wärmelehre und Quantentheorie.* 2. Aufl. Stuttgart 1956.

G. Joos: *Lehrbuch der theor. Physik.* 10. Aufl. Frankfurt a. M. 1959.

L. Landau, E. Lifshitz: *Course of theor. Physics* (9 Bände). (Englische Übersetzung aus dem Russischen). Vol. 5: Statistical Physics. London, Paris 1958.

W. Macke: *Thermodynamik und Statistik.* Ein Lehrbuch der theor. Physik (in 6 Bänden). Leipzig 1962.

W. Pauli: *Vorlesungen* (6 Bände). 3. *Thermodynamik und kinetische Gastheorie.* 4. *Statistische Mechanik.* Turin 1962.

Cl. Schäfer, M. Päsler: *Einführung in die theor. Physik* (3 umfangreiche, z. T. mehrteilige Bände). 2. Band: *Theorie der Wärme. Molekularkinetische Theorie der Materie.* 3. Aufl. Nachdruck. Berlin 1958.

A. Sommerfeld: *Vorlesungen über theor. Physik* (6 Bände). Bd. V: *Thermodynamik und Statistik,* herausgeg. von F. Bopp und J. Meixner, 2. Aufl. Leipzig 1962.

W. Weizel: *Lehrbuch der theor. Physik* (2 Bände). Berlin, Göttingen, Heidelberg. 1. Band, 3. Aufl. 1963; 2. Band, 2. Aufl. 1958.

b) Beiträge zu Handbüchern

Encyklopädie der math. Wissenschaften, Leipzig.

Bd. IV, 4; Art. 32: P. und T. Ehrenfest: *Begriffliche Grundlagen der statistischen Auffassung in der Mechanik,* 1912.

Handbuch der Physik, herausgeg. von S. Flügge. Berlin, Göttingen, Heidelberg.

Bd. 3, 2. Teil: *Prinzipien der Thermodynamik und Statistik,* 1959.

In Bd. 7, 1. Teil (Kristallphysik I): *The specific Heat of Solids,* 1955.

Bd. 12: *Thermodynamik der Gase,* 1958.

Bd. 13: *Thermodynamik der Flüssigkeiten und Festkörper,* 1962.

Hand- und Jahrbuch der chemischen Physik, Bd. III, 2.
Abschn. III: A. Sommerfeld, L. Waldmann: *Die Boltzmannsche Statistik und ihre Modifikation durch die Quantentheorie.*
Abschn. IV: K. F. Herzberg: *Freie Weglänge und Transporterscheinungen in Gasen.*

c) Einzelwerke
über Thermodynamik und Statistische Mechanik

J. G. Aston, J. J. Fritz: *Thermodynamics and Statistical Thermodynamics.* New York 1950.
R. Becker: *Theorie der Wärme.* Berlin, Göttingen, Heidelberg 1964,
S. Chapman, F. G. Cowling: *The Mathematical Theory of Nonuniform Gases.* Cambridge 1952.
A. J. Chintschin: *Grundlagen der statistischen Mechanik.* Mannheim 1964.
N. Davidson: *Statistical Mechanics.* New York, S. Francisco, Toronto, London 1962.
A. Eucken: *Grundriß der physikalischen Chemie.* 10. Aufl. Leipzig 1959.
A. Eucken: *Lehrbuch der chemischen Physik,* II. Bd.: *Makrozustände der Materie* (2 Teilbände) 3. Aufl. Leipzig 1948.
R. H. Fowler und E. A. Guggenheim: *Statistical Thermodynamics.* Cambridge 1952.
J. W. Gibbs: *Elementare Grundlage der statistischen Mechanik* (übersetzt von E. Zermelo). Leipzig 1905.
K. Huang: *Statistische Mechanik I, II und III.* Mannheim 1964.
P. Jordan: *Statistische Mechanik auf quantentheoretischer Grundlage* (Die Wissenschaft Bd. 87). Braunschweig 1944.
E. H. Kennard: *Kinetic Theory of Gases.* New York 1938.
C. Kittel: *Elementary Statistical Physics.* New York 1958.
R. Kurth: *Axiomatics of Classical statistical Mechanics.* Oxford, London, New York, Paris 1960.
J. E. Mayer, M. Goeppert-Mayer: *Statistical Mechanics.* New York 1954.
A. Münster: *Statistische Thermodynamik.* Berlin, Göttingen, Heidelberg 1956.
E. Schrödinger: *Statistical Thermodynamics.* Cambridge 1960 (Deutsche Übersetzung Leipzig 1952).
D. Ter Haar: *Elements of Statistical Mechanics.* New York 1954.
R. C. Tolman: *Principles of Statistical Mechanics.* Oxford 1959.
G. E. Uhlenbeck, G. W. Ford: *Lectures in Statistical Mechanics.* Providence 1963.

§1. Die Aufgabe der statistischen Mechanik

Heutzutage besteht die Aufgabe der statistischen Mechanik darin, die makroskopisch meßbaren, mechanischen und thermischen Eigenschaften der Stoffe aus den bekannten Eigenschaften ihrer Atome und Moleküle abzuleiten, um zu prüfen, wie weit unsere Vorstellungen von der Struktur der Materie zutreffen. Die Atomphysik hat sich aber erst in den letzten Jahrzehnten so weit entwickelt, daß wir die Eigenschaften der Atome und Moleküle als bekannt ansehen können. Im vorigen Jahrhundert bestand die Aufgabe der statistischen Mechanik umgekehrt darin, die Moleküleigenschaften aus den makroskopischen Eigenschaften der Materie zu erschließen. Das ist jedoch nur auf indirektem Wege möglich. Man geht von irgendwelchen einfachen Annahmen über die Moleküle, von einer sogenannten „Modellvorstellung" aus und variiert diese so lange, bis sich die Folgerungen daraus an der Erfahrung bewähren.

Dieser Entwicklung entsprechend sollen auch in diesem Buch die Methoden und Begriffsbildungen der statistischen Mechanik zunächst an Hand eines Modells besprochen werden, nämlich desjenigen der kinetischen Gastheorie (§ 2 bis § 6). Bei ihm wird angenommen, daß sich jedes Molekül während des größten Teiles der Zeit kräftefrei, also geradlinig mit konstanter Geschwindigkeit bewegt. Nur wenn sich die Schwerpunkte zweier Moleküle bis auf einen im Vergleich zum mittleren Abstand sehr kleinen Abstand nähern, treten Kräfte auf, welche in Richtung der Verbindungslinie der Schwerpunkte wirken und nur vom Abstand abhängen. Für sie gilt daher der Energiesatz der Mechanik. Die exakte Behandlung von Nichtgleichgewichtszuständen ist aber selbst für dieses einfache Modell so schwierig, daß wir uns hier auf die Ableitung der grundlegenden Gleichung, der Boltzmannschen Fundamentalgleichung, beschränken müssen. In allen allgemeineren Fällen betrachten wir nur das thermodynamische Gleichgewicht und zwar zunächst unter der Annahme, daß die Moleküle den Gesetzen der klassischen Mechanik genügen. Bei der Behandlung der Abänderungen, welche die Berücksichtigung der quantenmechanischen Gesetze zur Folge hat, müssen wir hier darauf verzichten, die quantentheoretisch erhaltenen Aussagen über die Eigenschaften der Atome und Moleküle zu begründen[1]).

Im letzten Teil dieses Buches wird der Zusammenhang der statistischen und thermodynamischen Größen behandelt. Dabei soll auch auf die modernen Statistiken, die Bose-Einstein-Statistik und die Fermi-Dirac-Statistik, eingegangen werden. Insbesondere soll dort gezeigt werden, daß es sich dabei eigentlich nicht um andere Statistiken handelt, sondern um die Berücksichtigung einer besonderen Art von quantenmechanischer Wechselwirkung.

I. Kinetische Gastheorie

§ 2. Die Verteilungsfunktion

Den Zustand eines Gases beschreibt man bei Benutzung des erwähnten Modells der kinetischen Gastheorie exakt durch Angabe der Ortsvektoren $\boldsymbol{r}_i$ und Geschwindigkeitsvektoren $\boldsymbol{v}_i = \dot{\boldsymbol{r}}_i$ der N Massenpunkte, welche die Moleküle ersetzen sollen. Bei einer Substanzmenge von der Größenordnung eines Moles beträgt N etwa 10^{23}. Zu solch einer Zustandsangabe würde man daher weit mehr Ziffern benötigen, als in der ganzen Welt bisher gedruckt wurden. Deshalb ist es technisch unmöglich, alle diese Zustandsdaten eines Gases zu messen. Es ist aber auch physikalisch unmöglich; denn wenn man die Komponenten von $\boldsymbol{r}_i$ nur mit einer Genauigkeit von 1/10 Atomdurchmesser, also auf $\pm 10^{-9}$ cm genau, ermitteln wollte, müßte man zur Beobachtung der Moleküle Röntgenlicht mit einer Wellenlänge von höchstens 10^{-9} cm verwenden und das Gas so stark beleuchten, daß an jedem Molekül mindestens ein Lichtquant gestreut wird. Dabei würde aber an die Moleküle durch Comptonstreuung

[1]) Diese Probleme sind behandelt in: Atomphysik von K. Bechert, Ch. Gerthsen und A. Flammersfeld. Sammlung Göschen Bd. 1009, 1033, 1123/1123a und 1165/1165a.

eine solche Energie übertragen, daß das Gas auf Sterntemperaturen erhitzt würde. Eine im obigen Sinne exakte Bestimmung des Zustandes eines Gases bei Zimmertemperatur liegt also außerhalb dessen, was mit physikalischen Hilfsmitteln meßbar ist.

Man benutzt deshalb eine mehr summarische Beschreibung durch Angabe der Anzahl dN der Moleküle, deren Schwerpunkte im zeitlichen Mittel in einem kleinen Volumenelement $d^3\boldsymbol{r} = dx\,dy\,dz$ des Ortsraumes liegen und deren Geschwindigkeitsvektoren in ein Volumenelement $d^3\boldsymbol{v} = dv_x dv_y dv_z$ des Geschwindigkeitsraumes weisen. Die Mittelung muß dabei über eine so lange Zeit erstreckt werden, daß sich der Mittelwert bei einer Verdoppelung des Zeitintervalles praktisch nicht ändert. Zugleich aber muß diese Zeit klein sein gegenüber den Zeiten, in denen sich der Zustand, makroskopisch betrachtet, wesentlich ändert. Unter normalen Verhältnissen sind diese Bedingungen miteinander verträglich. Wenn sie es nicht mehr sind, versagen alle bisher benutzten Methoden der kinetischen Gastheorie.

Die mittlere Anzahl dN ist bei genügend kleinem $d^3\boldsymbol{r}$ und $d^3\boldsymbol{v}$ dem Produkt dieser Volumenelemente in Orts- und Geschwindigkeitsraum proportional:

$$dN = F(\boldsymbol{r}, \boldsymbol{v})\, d^3\boldsymbol{r}\, d^3\boldsymbol{v}. \tag{1}$$

Der Proportionalitätsfaktor F, der im allgemeinen von $\boldsymbol{r}$ und $\boldsymbol{v}$ und in instationär strömenden Gasen auch noch von der Zeit t abhängt, wird als Verteilungsfunktion bezeichnet. Man beachte, daß $F(\boldsymbol{r}, \boldsymbol{v})$ nicht etwa gleich der Anzahl der Moleküle ist, deren Geschwindigkeits- und Ortsvektoren die Werte $\boldsymbol{r}$ und $\boldsymbol{v}$ besitzen. Diese Zahl wäre, außer in einzelnen Augenblicken, immer null und würde im Zeitmittel verschwinden. $F(\boldsymbol{r}, \boldsymbol{v})$ ist gleich der mittleren Anzahl der Moleküle in einem kleinen Intervall des Orts- und Geschwindigkeitsraumes, dividiert durch die Intervallgröße, hat also die Größenart eines reziproken Volumens mal der dritten Potenz einer reziproken Geschwindigkeit. Bei einem Gasgemisch müßte man natürlich für jede Molekülsorte je eine Verteilungsfunktion angeben.

Selbstverständlich wird $F(\boldsymbol{r}, \boldsymbol{v})$ stets als differenzierbare Funktion seiner Argumente vorausgesetzt. Summiert bzw. integriert man (1) über alle Geschwindigkeitsintervalle, so erhält man die mittlere Gesamtzahl der Moleküle im Volumenelement $d^3\boldsymbol{r}$. Division durch dieses Volumen liefert die Molekülzahldichte

$$n = \iiint_{v} F(\boldsymbol{r}, \boldsymbol{v})\, d^3\boldsymbol{v}. \tag{2}$$

Ist m_0 die Masse eines Moleküls, so beträgt die Dichte δ bei einem chemisch einheitlichen Gas

$$\delta = n m_0. \tag{3}$$

In ähnlicher Weise wie die Dichte kann man alle makroskopisch meßbaren Eigenschaften eines Gases aus der Verteilungsfunktion $F(\boldsymbol{r}, \boldsymbol{v})$ berechnen. Sie liefert also eine makroskopisch vollständige Beschreibung des Zustandes, reicht aber nicht aus, um Lage und Geschwindigkeit einzelner Moleküle oder die Schwankungen der Molekülzahlen in einem bestimmten Volumen anzugeben.

§ 3. Die Bernoullische Druckformel

Wir berechnen nun aus der Verteilungsfunktion den Druck p des Gases, also den Quotienten aus der Kraft auf einen Teil der Wandung dividiert durch dessen Fläche ΔS. Wenn die Modellvorstellung der kinetischen Gastheorie zutrifft, ändert sich diese Kraft zeitlich sehr unregelmäßig. Jedesmal, wenn ein Molekül auf die Wand prallt, erreicht sie kurzzeitig große Werte, und zwischendurch ist sie null. Makroskopisch mißt man nur das zeitliche Mittel dieser Kraft. Wir bestimmen deshalb ihr Integral über das Zeitintervall $\Delta t = t_2 - t_1$ und dividieren dieses nachher durch Δt. Das Integral der Kraft eines Moleküls während seines Aufpralles auf die Wand ist gleich der Impulsänderung, die es dabei erfährt. Wir wollen annehmen, daß die Moleküle elastisch reflektiert werden, also beim Aufprall ihre kinetische Energie und die Impulskomponenten parallel zur Wand nicht ändern. Die Impulskomponente senkrecht zur

Wand ändert dann beim Aufprall ihr Vorzeichen. Legt man die x-Achse des benutzten Koordinatensystems in die Richtung der Wandnormalen, so erfährt ein Molekül, welches vor dem Aufprall die Geschwindigkeitskomponenten v_x, v_y, v_z hatte, eine Impulsänderung senkrecht zur Wand von der Größe $2m_0v_x$.

Diese Größe ist nun zu summieren über alle Moleküle, welche während der Zeit Δt auf das betrachtete Wandstück auftreffen. Von diesen betrachten wir zunächst nur diejenigen mit Geschwindigkeitskomponenten der Intervalle dv_x, dv_y, dv_z um v_x, v_y, v_z herum. Deren Schwerpunkte müssen zu Beginn der Zeit Δt in einem schiefen Zylinder liegen, dessen

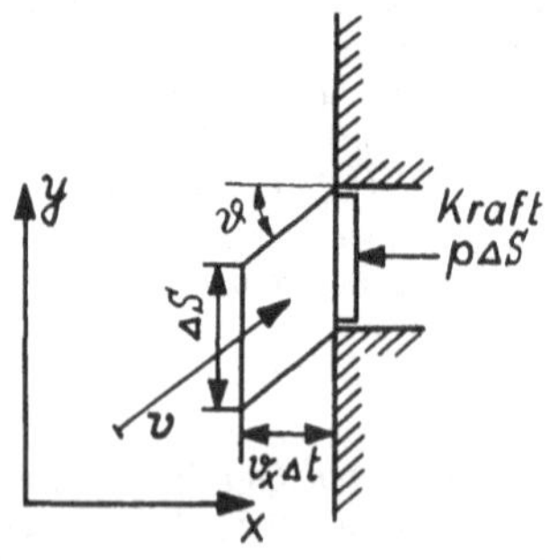

Abb. 1. Zur Berechnung des Druckes eines Gases.

Grundfläche das betrachtete Wandstück ΔS bildet und dessen Mantellinien dem Vektor $\boldsymbol{v}$ parallel sind. Seine Höhe beträgt $v_x\Delta t$, sein Volumen also $v_x\Delta t\Delta S$ (vgl. Abb. 1). Von Zusammenstößen der Moleküle untereinander haben wir dabei abgesehen, weil diese bei genügend kleinem Δt nur bei einem vernachlässigbar kleinen Bruchteil dieser Moleküle vorkommen. Die mittlere Anzahl der auftreffenden Moleküle aus dem betrachteten Geschwindigkeitsintervall beträgt daher $F(\boldsymbol{r}, \boldsymbol{v})v_x\Delta t\Delta S\, dv_x dv_y dv_z$. Das Integral über die Kraft entsteht daraus durch Multiplikation mit $2m_0v_x$ und Integration über alle v_y und v_z und alle positiven v_x, denn die

Moleküle mit negativem v_x fliegen von der Wand fort. Dividiert man dieses Integral durch Δt, so erhält man die mittlere Kraft. Division durch ΔS liefert den Druck

$$p = \int\limits_{v_x=0}^{+\infty} \iint\limits_{v_y, v_z=-\infty}^{+\infty} 2m_0 v_x^2 F(\boldsymbol{r}, \boldsymbol{v}) d^3\boldsymbol{v}. \tag{1}$$

In einem makroskopisch ruhenden Gas sind entgegengesetzt gleiche Geschwindigkeitsvektoren gleich häufig, d. h. $F(\boldsymbol{r}, \boldsymbol{v}) = F(\boldsymbol{r}, -\boldsymbol{v})$. Der obige Ausdruck ändert sich also nicht, wenn man v_x von $-\infty$ bis $+\infty$ integriert und dafür den Faktor 2 fortläßt. Wir können weiter annehmen, daß die Geschwindigkeitsverteilung isotrop ist. Die Integrale über v_x^2, v_y^2 und v_z^2 sind dann gleich groß und gleich $^1/_3$ des Integrals über $v^2 = v_x^2 + v_y^2 + v_z^2$:

$$\begin{aligned} \iiint\limits_{\boldsymbol{v}} v_x^2 F(\boldsymbol{r}, \boldsymbol{v})\, d^3\boldsymbol{v} &= \iiint\limits_{\boldsymbol{v}} v_y^2 F(\boldsymbol{r}, \boldsymbol{v})\, d^3\boldsymbol{v} \\ = \iiint\limits_{\boldsymbol{v}} v_z^2 F(\boldsymbol{r}, \boldsymbol{v})\, d^3\boldsymbol{v} &= \tfrac{1}{3} \iiint\limits_{\boldsymbol{v}} v^2 F(\boldsymbol{r}, \boldsymbol{v})\, d^3\boldsymbol{v}. \end{aligned} \tag{2}$$

Nun ist zu beachten, daß das Integral über $v^2 F(\boldsymbol{r}, \boldsymbol{v})$ dividiert durch das Integral über $F(\boldsymbol{r}, \boldsymbol{v})$ allein offenbar gleich dem Mittelwert von v^2 ist:

$$\overline{v^2} = \frac{\iiint\limits_{\boldsymbol{v}} v^2 F(\boldsymbol{r}, \boldsymbol{v})\, d^3\boldsymbol{v}}{\iiint\limits_{\boldsymbol{v}} F(\boldsymbol{r}, \boldsymbol{v})\, d^3\boldsymbol{v}}. \tag{3}$$

Da der Nenner in diesem Ausdruck nach (§ 2; 2) gleich der Molekülzahldichte n ist, erhält man bei Beachtung von (§ 2; 3)

$$p = \tfrac{1}{3} m_0 n \overline{v^2} = \tfrac{1}{3} \delta \overline{v^2}. \tag{4}$$

Dieses Ergebnis findet sich bereits in einer Arbeit von Daniel Bernoulli aus dem Jahre 1738.

Gleichung (4) ermöglicht die Berechnung von $\overline{v^2}$ aus den makroskopisch meßbaren Werten von Druck und Dichte. Die Wurzel daraus ergibt die Größenordnung der vorkommenden Geschwindigkeiten. Man erhält für die üblichen

Gase bei Zimmertemperatur Werte in der Größenordnung von 500 bis 1000 m/sek. Diese Werte erschienen vielen Physikern im vorigen Jahrhundert unverständlich groß. Da jedes Molekül nur ein sehr kleines Stück geradlinig fliegt und dann bei einem Zusammenstoß abgelenkt wird, ist jedoch die geringe Diffusionsgeschwindigkeit zweier Gase ineinander mit so großen Werten von $\sqrt{\overline{v^2}}$ durchaus verträglich. Erst 1920 gelang es Stern, das Vorhandensein so großer Geschwindigkeiten direkt experimentell nachzuweisen.

Wir wollen (4) weiter umformen, indem wir p mit Hilfe der idealen Gasgleichung eliminieren (IV; § 3; 7):

$$pV = NkT. \tag{5}$$

(N = Molekülzahl). Beachtet man, daß $n = N/V$ ist, so ergibt sich aus (4) und (5) für den Mittelwert der kinetischen Energie $\varepsilon = \frac{m_0}{2} v^2$ eines Moleküls

$$\bar{\varepsilon} = \frac{m_0}{2} \overline{v^2} = \frac{3}{2} k T. \tag{6}$$

Wenn die Annahmen unseres Modells zutreffen, daß man die Moleküle als Massenpunkte ohne jede Möglichkeit einer Rotation oder innermolekularen Bewegung behandeln darf und daß die potentielle Energie der Wechselwirkungskräfte im Mittel gegenüber der kinetischen Energie zu vernachlässigen ist, beträgt die gesamte innere Energie U eines Gases mit N Molekülen das N-fache von $\bar{\varepsilon}$, also

$$U = N\bar{\varepsilon} = \frac{3}{2} N k T. \tag{7}$$

Die innere Energie eines idealen Gases ist demnach nur von der Temperatur, nicht vom Volumen abhängig, in Übereinstimmung mit der Erfahrung (vgl. IV; § 6). Bezeichnet man mit $m = Nm_0$ die gesamte Masse des Gases, so erhält man aus (7) bei Beachtung der Beziehung $R = k/m_0$ für die Gaskonstante des betrachteten Gases (vgl. IV; § 3; 4 und 6) die folgende Formel für die spezifische Wärme c_v bei konstantem Volumen:

$$c_v = \frac{1}{m}\frac{dU}{dT} = \frac{3}{2} R. \tag{8}$$

Wegen $c_p - c_v = R$ (IV; § 6; 6) folgt daraus auch

$$c_p = \frac{5}{2} R. \tag{9}$$

Die Gaskonstante R hat bei Verwendung der von Substanz zu Substanz verschiedenen Masseneinheit 1 Mol = M Gramm (M = Molekulargewicht) für alle Gase denselben Zahlenwert $R = 1{,}9864 \frac{\text{cal}}{\text{Mol} \cdot \text{Grad}}$. Nach (9) sollte also c_p in der Einheit cal/Mol · Grad für alle Gase den gleichen Zahlenwert von etwa 5 haben. Bei den einatomigen Edelgasen ist das, wie die folgende Tabelle zeigt, recht gut erfüllt, nicht

Die spezifische Wärme bei konstantem Druck c_p und das Verhältnis der spezifischen Wärmen c_p/c_v für einige Gase (bei Zimmertemperatur)

Gas	c_p in $\frac{\text{cal}}{\text{Grad} \cdot \text{Mol}}$	$\frac{c_p}{c_v}$
He	5,00	1,63
Ne	4,97	1,64
A	4,99	1,67
Kr	4,97	1,69
X	4,97	1,66
H_2	6,90	1,41
N_2	6,95	1,401
CO	6,98	1,40
O_2	7,01	1,398
HCl	7,00	1,39
Cl_2	8,23	1,35

dagegen bei den anderen Gasen mit mehratomigen Molekülen. Es erscheint plausibel, daß man bei ihnen höhere

Werte findet, denn diese Moleküle sind nicht kugelförmig und werden daher bei Zusammenstößen in Rotation geraten. Außerdem können die Atome im Molekül gegeneinander schwingen. Daher liefert (7) nicht den gesamten Energieinhalt des Gases. Daß einatomige Moleküle hiernach anscheinend nicht rotieren, ist eigentlich eine verwunderliche Tatsache. Sie ist erst durch die Quantentheorie voll verständlich geworden und wird in § 21 erläutert werden.

§ 4. Die Maxwell-Boltzmannsche Geschwindigkeitsverteilung

In jedem Gas stellt sich im thermischen Gleichgewicht eine ganz bestimmte Verteilungsfunktion $F(\boldsymbol{r}, \boldsymbol{v})$ ein, welche 1860 von Maxwell zum erstenmal berechnet wurde. Boltzmann gab später eine wesentlich allgemeinere und bessere Begründung dafür. Das Ergebnis dieser Berechnungen ist die Aussage, daß F in einem ruhenden Gas die Gestalt

$$F = C e^{-\beta v^2} \tag{1}$$

besitzt. C und β sind zwei von $\boldsymbol{v}$ unabhängige Konstanten, deren Werte sich aus (§ 2; 2) und (§ 3; 6) ergeben. Bevor wir uns dem Beweis dieser Formel zuwenden, wollen wir hier ihre Eigenschaften diskutieren.

Zur Berechnung von β setzen wir (1) in den Ausdruck (§ 3; 3) ein. Dann hebt sich C heraus, und man erhält

$$\overline{v^2} = \frac{\iiint\limits_{\boldsymbol{v}} v^2 e^{-\beta v^2} d^3\boldsymbol{v}}{\iiint\limits_{\boldsymbol{v}} e^{-\beta v^2} d^3\boldsymbol{v}}\,. \tag{2}$$

Das Integral im Zähler ist offensichtlich die negative partielle Ableitung des Nenners nach β. Daher gilt:

$$\overline{v^2} = -\frac{d}{d\beta} ln\left\{\iiint\limits_{\boldsymbol{v}} e^{-\beta v^2} d^3\boldsymbol{v}\right\}. \tag{3}$$

Das Integral im Nenner von (2) kann man als Produkt von drei identischen Integralen über v_x, v_y und v_z schreiben:

$$\iiint_v e^{-\beta v^2} d^3\boldsymbol{v} = \int_{-\infty}^{+\infty} e^{-\beta v_x^2} dv_x \cdot \int_{-\infty}^{+\infty} e^{-\beta v_y^2} dv_y \cdot \int_{-\infty}^{+\infty} e^{-\beta v_z^2} dv_z$$

$$= \left\{ \int_{-\infty}^{+\infty} e^{-\beta v_x^2} d v_x \right\}^3. \tag{4}$$

Mit der Substitution $\sqrt{\beta}\, v_x = \xi$ erhält man

$$\int_{-\infty}^{+\infty} e^{-\beta v_x^2} dv_x = \frac{1}{\sqrt{\beta}} \int_{-\infty}^{+\infty} e^{-\xi^2} d\xi. \tag{5}$$

Das verbleibende Integral $J = \int_{-\infty}^{+\infty} e^{-\xi^2} d\xi$ hängt von β nicht mehr ab. Daher folgt aus (3)

$$\overline{v^2} = -\frac{d}{d\beta} \ln \left\{\frac{J}{\sqrt{\beta}}\right\}^3 = -\frac{d}{d\beta} \left\{3 \ln J - \frac{3}{2} \ln \beta \right\} = \frac{3}{2\beta} \tag{6}$$

oder wegen (§ 3; 6)

$$\beta = \frac{m_0}{2kT}. \tag{7}$$

Zur Berechnung von C muß man das Integral J wirklich ausrechnen, denn nach (§ 2; 2), (4) und (5) ist

$$n = \iiint_v F d^3\boldsymbol{v} = C \iiint_v e^{-\beta v^2} d^3\boldsymbol{v} = \frac{CJ^3}{\sqrt{\beta^3}}. \tag{8}$$

Es gilt:

$$J = \int_{-\infty}^{+\infty} e^{-\xi^2} d\xi = \sqrt{\pi}. \tag{9}$$

Zum Beweis multipliziert man J mit sich selbst, wobei man beim zweiten Faktor die Integrationsvariable mit η bezeichnet. Das

Produkt kann als Flächenintegral über die (ξ, η)-Ebene betrachtet werden und läßt sich durch Einführung von Polarkoordinaten $\xi = r\cos\varphi$, $\eta = r\sin\varphi$ umformen:

$$J^2 = \int_{-\infty}^{+\infty} e^{-\xi^2}\,d\xi \cdot \int_{-\infty}^{+\infty} e^{-\eta^2}\,d\eta = \int_{(\xi,\,\eta)\text{-Ebene}} e^{-(\xi^2+\eta^2)}\,d\xi\,d\eta$$

$$= \int_{\varphi=0}^{2\pi}\int_{r=0}^{\infty} e^{-r^2}\,r\,dr\,d\varphi = 2\pi\int_{r=0}^{\infty} e^{-r^2}\,r\,dr = \pi\,. \tag{10}$$

Aus (8) ergibt sich damit C und daher beim Einsetzen in (1)

$$F(\boldsymbol{r}, \boldsymbol{v}) = n\sqrt{\frac{m_0}{2\pi kT}}^{\,3}\, e^{-\frac{m_0 v^2}{2kT}}\,. \tag{11}$$

Im thermodynamischen Gleichgewicht ist T unabhängig vom Ort. Die Ortsabhängigkeit von F ist demnach in diesem Fall durch n bzw. durch die Dichte allein gegeben.

Wie zu erwarten, ist $F(\boldsymbol{r}, \boldsymbol{v})$ nur vom Betrag der Geschwindigkeit abhängig. Bei $\boldsymbol{v} = 0$ ist die Verteilungsfunktion am größten. Für feste Werte der Komponenten v_y und v_z hat F als Funktion von v_x die Gestalt der symmetrischen Gaußschen Glockenfunktion mit einem Maximum bei $v_x = 0$. Der häufigste Geschwindigkeitsvektor ist in einem ruhenden Gase also $\boldsymbol{v} = 0$ (vgl. Abb. 2, S. 19).

Bei derartigen Aussagen muß man aber stets angeben, welche Intervalle der Variablen man als gleichwertig ansieht. Das Obige gilt nur, wenn man die Anzahlen der vorkommenden Geschwindigkeitsvektoren in gleich großen Volumenelementen $d^3\boldsymbol{v}$ des Geschwindigkeitsraumes innerhalb eines festen Volumens im Ortsraum vergleicht. Etwas anderes ergibt sich, wenn man gleiche Intervalle des Geschwindigkeitsbetrages vergleicht. Die Zahl $f(v)dv$ der Moleküle, deren Geschwindigkeitsbetrag zwischen v und $v + dv$ liegt, erhält man durch Integration von F über eine Kugelschale im Geschwindigkeitsraum mit der Dicke dv und dem Volumen $4\pi v^2 dv$. Dafür erhält man also

$$f(v)\,dv = 4\pi v^2 n \sqrt{\frac{m_0}{2\pi kT}}^{3} e^{-\frac{m_0 v^2}{2kT}}\,dv. \tag{12}$$

Die Verteilungsfunktion $f(v)$ der Geschwindigkeitsbeträge ist also prop. $v^2 e^{-\beta v^2}$. Sie beginnt bei $v = 0$ mit null und durchläuft ein Maximum bei dem Wert $v_m = 1/\sqrt{\beta} = \sqrt{2kT/m_0}$ (vgl. Abb. 3). Der häufigste Geschwindigkeitsbetrag v_m ist also um den Faktor $\sqrt{2/3}$ kleiner als die Wurzel aus dem mittleren Geschwindigkeitsquadrat $\sqrt{\overline{v^2}} = \sqrt{3kT/m_0}$. Das ganz verschiedene Verhalten von $F(\boldsymbol{r}, \boldsymbol{v})$ und $f(v)$ macht deutlich, daß man bei jeder Verteilungsfunktion die Argumente angeben muß als Hinweise auf die zugehörigen Intervalle der Variablen.

Aus $f(v)$ ergibt sich in einfacher Weise der mittlere Geschwindigkeitsbetrag

$$\bar{v} = \frac{\int_0^\infty v f(v)\,dv}{\int_0^\infty f(v)\,dv} = \frac{\int_0^\infty v^3 e^{-\beta v^2}\,dv}{\int_0^\infty v^2 e^{-\beta v^2}\,dv}. \tag{13}$$

Für den Nenner erhält man

$$\int_0^\infty v^2 e^{-\beta v^2}\,dv = -\frac{1}{2}\frac{d}{d\beta}\left\{\int_{-\infty}^{+\infty} e^{-\beta v^2}\,dv\right\} = -\frac{1}{2}\frac{d}{d\beta}\left(\sqrt{\frac{\pi}{\beta}}\right)$$

$$= \frac{1}{4}\frac{\sqrt{\pi}}{\sqrt{\beta}^{3}}. \tag{14}$$

Im Zähler kann man $\beta v^2 = \xi$ als neue Variable einführen und erhält

$$\int_0^\infty v^3 e^{-\beta v^2}\,dv = \frac{1}{2\beta^2}\int_0^\infty \xi e^{-\xi}\,d\xi = \frac{1}{2\beta^2}. \tag{15}$$

Zusammen ergibt sich

$$\bar{v} = \frac{2}{\sqrt{\pi\beta}} = \sqrt{\frac{8kT}{\pi m_0}}, \tag{16}$$

also ein Wert zwischen v_m und $\sqrt{\overline{v^2}}$ (vgl. Abb. 3).

Eine weitere Geschwindigkeitsverteilung erhält man, wenn man nach der Verteilung der Geschwindigkeiten in einem Molekularstrahl fragt, also nach der Anzahl derjenigen Moleküle, welche mit einem Geschwindigkeitsbetrag zwischen v und $v + dv$ innerhalb eines festen Zeitintervalles durch den Querschnitt des Strahles hindurchfliegen. Nach § 3 ist die Zahl der Moleküle, die in der Zeit Δt aus einer Öffnung der Fläche ΔS senkrecht zur x-Achse mit Geschwindigkeitsvektoren des Elementes $d^3\boldsymbol{v}$ austreten, durch $F(\boldsymbol{v})v_x\Delta t\Delta S\, d^3\boldsymbol{v}$ gegeben. Im Molekularstrahl werden nun durch Blenden alle Moleküle mit Geschwindigkeitsvektoren außerhalb eines kleinen Richtungsintervalles $\Delta\Omega$ um die x-Achse herum ausgeschieden. Man kann deshalb $d^3\boldsymbol{v} = v^2 dv\Delta\Omega$ setzen und $v_x = v$. Faßt man alle von v unabhängigen Größen zu einer Konstante D zusammen, so folgt für die Stromdichte dJ, d. h. für die Zahl der pro Zeiteinheit und Flächeneinheit herausfliegenden Moleküle mit Geschwindigkeitsbeträgen des Intervalles dv

$$dJ = Dv^3 e^{-\beta v^2} dv. \tag{17}$$

Der häufigste Geschwindigkeitsbetrag $v_{m\ \mathrm{Strahl}}$ im Molekularstrahl ist demnach

$$v_{m\ \mathrm{Strahl}} = \sqrt{\frac{3}{2\beta}} = \sqrt{\overline{v^2}}. \tag{18}$$

Der mittlere Geschwindigkeitsbetrag im Molekularstrahl ist

$$\bar{v}_{\mathrm{Strahl}} = \frac{\int\limits_0^\infty v^4 e^{-\beta v^2} dv}{\int\limits_0^\infty v^3 e^{-\beta v^2} dv} = \frac{\frac{d^2}{d\beta^2}\left\{\int\limits_0^\infty e^{-\beta v^2} dv\right\}}{-\frac{d}{d\beta}\left\{\int\limits_0^\infty v e^{-\beta v^2} dv\right\}}$$

$$= \frac{3}{4}\sqrt{\frac{\pi}{\beta}} = \sqrt{\frac{9\pi}{8}\cdot\frac{kT}{m_0}}. \tag{19}$$

Das ist noch größer als $\sqrt{\overline{v^2}}$. Das liegt daran, daß unter den Molekülen, die aus einer Öffnung in einer festen Zeit austreten, die schnellen Moleküle relativ stärker vertreten sind als unter den Molekülen innerhalb eines Volumens im Gasraum.

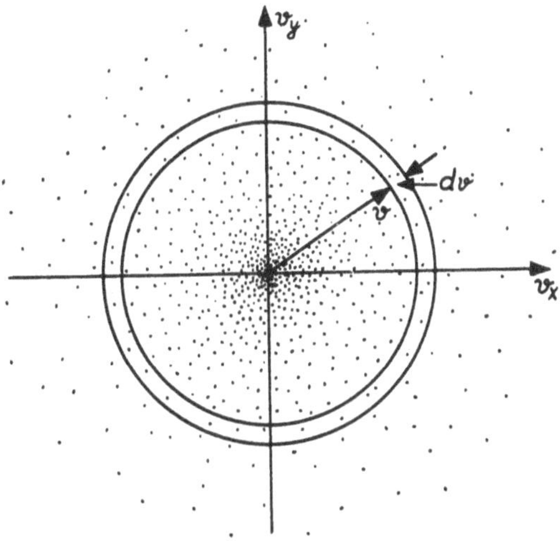

Abb. 2. Eine Verteilung von Punkten, die etwa der Maxwell-Boltzmannschen Geschwindigkeitsverteilung entspricht.

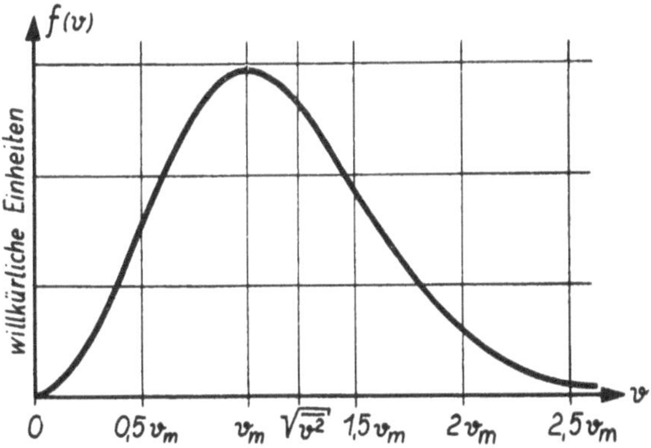

Abb. 3. Die Verteilung der Geschwindigkeitsbeträge.

§ 5. Die Boltzmannsche Fundamentalgleichung

Der Ausgangspunkt aller exakten Berechnungen in der kinetischen Gastheorie ist die von Boltzmann aufgestellte Fundamentalgleichung für die zeitliche Änderung der Verteilungsfunktion $F(\boldsymbol{r}, \boldsymbol{v}, t)$. Aus ihr kann man nicht nur die Maxwellsche Formel für die Geschwindigkeitsverteilung im thermodynamischen Gleichgewicht ableiten, sondern auch die Verteilungsfunktion beim Vorliegen eines Temperaturgefälles, eines Konzentrationsgefälles in Gasgemischen oder eines Gradienten der mittleren Geschwindigkeit in bewegten Gasen und damit die Größe der Koeffizienten der Wärmeleitfähigkeit, Diffusion und inneren Reibung. Da die Ableitung dieser Fundamentalgleichung etwas umständlich ist, wollen wir uns hier auf den einfachsten Fall beschränken, nämlich auf ein chemisch einheitliches, einatomiges Gas, in welchem die Kraft zwischen zwei Molekülen nur von der Lage der beiden Molekülschwerpunkte abhängt.

Die mittlere Anzahl $F(\boldsymbol{r}, \boldsymbol{v}, t)\, d^3\boldsymbol{r}\, d^3\boldsymbol{v}$ der Moleküle in einem Volumenelement $d^3\boldsymbol{r}$ des Ortsraumes und $d^3\boldsymbol{v}$ des Geschwindigkeitsraumes ändert sich aus vier Gründen:

1. Die Moleküle bewegen sich mit der Geschwindigkeit $\boldsymbol{v}$ und verlassen daher das Volumenelement $d^3\boldsymbol{r}$, bzw. andere Moleküle bewegen sich hinein. 2. Wenn äußere Kräfte vorliegen, ändern sich die Geschwindigkeiten der Moleküle, und dabei überschreiten die Endpunkte einiger Geschwindigkeitsvektoren die Grenzen von $d^3\boldsymbol{v}$. Der Einfachheit halber wollen wir hier magnetische Kräfte außer Betracht lassen und annehmen, daß die Beschleunigung $\boldsymbol{b}$ jedes Moleküls durch die äußeren Kräfte nur von seinem Ort abhängt. 3. Die Moleküle des betrachteten Volumenelements $d^3\boldsymbol{r}\, d^3\boldsymbol{v}$ können mit anderen Molekülen zusammenstoßen, und dabei ändern sie ihre Geschwindigkeit. 4. Moleküle mit Geschwindigkeiten aus anderen Volumenelementen des Geschwindigkeitsraumes können innerhalb $d^3\boldsymbol{r}$ so zusammenstoßen, daß nachher eines von ihnen einen Geschwindigkeitsvektor aus $d^3\boldsymbol{v}$ besitzt.

Um die Änderung von F infolge der ersten beiden Gründe zu berechnen, betrachten wir die Gesamtheit aller Moleküle innerhalb eines festen Volumens V des Ortsraumes mit Geschwindigkeiten aus dem Volumen V' des Geschwindigkeitsraumes. Ihre Anzahl beträgt

$$Z = \iiint\limits_{\boldsymbol{r}\text{ über } V} \iiint\limits_{\boldsymbol{v}\text{ über } V'} F(\boldsymbol{r}, \boldsymbol{v})\, d^3\boldsymbol{r}\, d^3\boldsymbol{v}. \tag{1}$$

Die Änderung ΔZ in der kleinen Zeit Δt ist demnach

$$\Delta Z = \frac{dZ}{dt} \Delta t = \iiint\limits_{\boldsymbol{r}\text{ über } V} \iiint\limits_{\boldsymbol{v}\text{ über } V'} \frac{\partial F}{\partial t}\, d^3\boldsymbol{r}\, d^3\boldsymbol{v}\, \Delta t. \tag{2}$$

Nun sahen wir bereits in § 3, daß in der Zeit Δt auf ein Flächenelement ΔS einer Wand senkrecht zur x-Achse gerade $F \cdot v_x \Delta t \Delta S\, d^3\boldsymbol{v}$ Moleküle des Geschwindigkeitsintervalles $d^3\boldsymbol{v}$ auftreffen. Da die Oberfläche O von V eine gedachte Fläche ist, an der keine Geschwindigkeitsänderung stattfindet, verläßt jedes der von innen auf O auftreffenden Moleküle das Volumen V und vermindert damit Z um 1. Die negative Änderung von Z aus dem ersten Grunde erhält man also, indem man in obigem Differential v_x durch die Normalkomponente v_n der Geschwindigkeit in Richtung der äußeren Normalen auf O ersetzt und dann $\boldsymbol{r}$ über die Oberfläche O von V und $\boldsymbol{v}$ über das Volumen V' im Geschwindigkeitsraum integriert:

$$\Delta_1 Z = -\iint\limits_{\boldsymbol{r}\text{ über } O} \iiint\limits_{\boldsymbol{v}\text{ über } V'} F(\boldsymbol{r}, \boldsymbol{v})\, v_n\, dS\, d^3\boldsymbol{v} \cdot \Delta t. \tag{3}$$

Nach dem Gaußschen Integralsatz ist das über O erstreckte Oberflächenintegral über die Normalkomponente des Vektors $\boldsymbol{v}F$ gleich dem Volumenintegral über div $(\boldsymbol{v}F)$. Bezeichnet man die Ortskoordinaten mit x_1, x_2, x_3, so lautet diese Divergenz ausgeschrieben

$$\operatorname{div}(\boldsymbol{v}F) = \sum_{i=1}^{3} \frac{\partial}{\partial x_i}(v_i F) = \sum_{i=1}^{3} v_i \frac{\partial F}{\partial x_i}. \tag{4}$$

Damit folgt aus (3)

$$\Delta_1 Z = -\iiint\limits_{\boldsymbol{r}\text{ über }V} \iiint\limits_{\boldsymbol{v}\text{ über }V'} \sum_{i=1}^{3} v_i \frac{\partial F}{\partial x_i} d^3\boldsymbol{r}\, d^3\boldsymbol{v} \cdot \Delta t. \tag{5}$$

Die Berechnung der Änderung $\Delta_2 Z$ von Z infolge der Beschleunigung $\boldsymbol{b}$ der Moleküle durch die äußeren Kräfte verläuft genauso, da ja $\boldsymbol{b}$ im Geschwindigkeitsraum die gleiche Rolle spielt wie $\boldsymbol{v}$ im Ortsraum. Man hat also in (3) nur v_n durch die Normalkomponente von $\boldsymbol{b}$ auf der Oberfläche O' von V' zu ersetzen und $\boldsymbol{v}$ über O' und $\boldsymbol{r}$ über V zu integrieren. Bei Anwendung des Gaußschen Integralsatzes im Geschwindigkeitsraum ist zu beachten, daß nach Voraussetzung $\boldsymbol{b}$ nur vom Ort abhängt. So erhält man

$$\Delta_2 Z = -\iiint\limits_{\boldsymbol{r}\text{ über }V} \iiint\limits_{\boldsymbol{v}\text{ über }V'} \sum_{i=1}^{3} b_i \frac{\partial F}{\partial v_i} d^3\boldsymbol{r}\, d^3\boldsymbol{v} \cdot \Delta t. \tag{6}$$

Wenn es keine Zusammenstöße zwischen den Molekülen gäbe, wäre ΔZ gleich der Summe von $\Delta_1 Z$ und $\Delta_2 Z$. Bringt man in dieser Gleichung $\Delta_1 Z$ und $\Delta_2 Z$ auf die linke Seite und dividiert durch Δt, so erhält man beim Zusammenfassen der drei Integrale (2), (5) und (6)

$$\iiint\limits_{\boldsymbol{r}\text{ über }V} \iiint\limits_{\boldsymbol{v}\text{ über }V'} \left\{\frac{\partial F}{\partial t} + \sum_{i=1}^{3} \left(v_i \frac{\partial F}{\partial x_i} + b_i \frac{\partial F}{\partial v_i}\right)\right\} d^3\boldsymbol{r}\, d^3\boldsymbol{v} = 0. \tag{7}$$

Da diese Gleichung für alle Volumina V des Ortsraumes und alle V' des Geschwindigkeitsraumes gilt, muß der Integrand für alle $\boldsymbol{r}$ und $\boldsymbol{v}$ verschwinden. Beim Fehlen aller Zusammenstöße zwischen den Molekülen lautet also die Boltzmannsche Fundamentalgleichung

$$\frac{\partial F}{\partial t} + \sum_{i=1}^{3} \left(v_i \frac{\partial F}{\partial x_i} + b_i \frac{\partial F}{\partial v_i}\right) = 0. \tag{8}$$

Der Einfluß der Zusammenstöße ist wesentlich schwieriger zu berechnen. Für einen Zusammenstoß zweier Moleküle a und b mit den Geschwindigkeiten $\boldsymbol{v}_a$ und $\boldsymbol{v}_b$ liefern Impuls-

und Energiesatz wegen der Gleichheit der Massen für die Geschwindigkeiten $\boldsymbol{v}_a'$ und $\boldsymbol{v}_b'$ nach dem Stoß die Gleichungen

$$\boldsymbol{v}_a' + \boldsymbol{v}_b' = \boldsymbol{v}_a + \boldsymbol{v}_b \tag{9}$$

und

$$\boldsymbol{v}_a'^2 + \boldsymbol{v}_b'^2 = \boldsymbol{v}_a^2 + \boldsymbol{v}_b^2. \tag{10}$$

Bezeichnet man mit $\boldsymbol{v}_s = \frac{\boldsymbol{v}_a + \boldsymbol{v}_b}{2} = \frac{\boldsymbol{v}_a' + \boldsymbol{v}_b'}{2}$ die Geschwindigkeit des gemeinsamen Schwerpunktes, so folgt daraus

$$\boldsymbol{v}_a - \boldsymbol{v}_s = \boldsymbol{v}_s - \boldsymbol{v}_b \text{ und } \boldsymbol{v}_a' - \boldsymbol{v}_s = \boldsymbol{v}_s - \boldsymbol{v}_b', \tag{11}$$

sowie

$$(\boldsymbol{v}_a - \boldsymbol{v}_s)^2 = (\boldsymbol{v}_b - \boldsymbol{v}_s)^2 = (\boldsymbol{v}_a' - \boldsymbol{v}_s)^2 = (\boldsymbol{v}_b' - \boldsymbol{v}_s)^2. \tag{12}$$

Die Endpunkte der Geschwindigkeitsvektoren $\boldsymbol{v}_a$, $\boldsymbol{v}_b$, $\boldsymbol{v}_a'$ und $\boldsymbol{v}_b'$ liegen also im Geschwindigkeitsraum auf einer Kugel um den Endpunkt von $\boldsymbol{v}_s$ und zwar so, daß $\boldsymbol{v}_a$ und $\boldsymbol{v}_b$ sowie $\boldsymbol{v}_a'$ und $\boldsymbol{v}_b'$ auf demselben Durchmesser einander gegenüberliegen, d. h. diese vier Punkte bilden ein Rechteck (vgl. Abb. 4). Bei gegebenen Werten von $\boldsymbol{v}_a$ und $\boldsymbol{v}_b$ sind demnach die Vektoren $\boldsymbol{v}_a'$ und $\boldsymbol{v}_b'$ durch die Richtung des Einheitsvektors $\boldsymbol{e}$ parallel zu $(\boldsymbol{v}_a' - \boldsymbol{v}_a)$ vollständig gegeben. Aus Abb. 4 liest man sofort ab

$$\boldsymbol{v}_a' = \boldsymbol{v}_a + \boldsymbol{e}\,(\boldsymbol{e} \cdot [\boldsymbol{v}_b - \boldsymbol{v}_a]), \tag{13a}$$

$$\boldsymbol{v}_b' = \boldsymbol{v}_b - \boldsymbol{e}\,(\boldsymbol{e} \cdot [\boldsymbol{v}_b - \boldsymbol{v}_a]). \tag{13b}$$

Beim elastischen Stoß von Kugeln hat $\boldsymbol{e}$ die Richtung der Verbindungslinie der Mittelpunkte im Augenblick des Zusammenstoßes. Diese Richtung wird deshalb auch als die Stoßnormale bezeichnet.

Wir betrachten nun zunächst ein hypothetisches Gas, in welchem ein Molekül die Geschwindigkeit $\boldsymbol{v}_a$ besitzt, alle anderen die Geschwindigkeit $\boldsymbol{v}_b$, und berechnen die mittlere Anzahl derjenigen Zusammenstöße, bei denen $\boldsymbol{e}$ in ein bestimmtes Intervall $d\Omega$ des räumlichen Winkels weist. Nach jedem Zusammenstoß muß man sich dann natürlich diese Ausgangsverteilung wieder hergestellt denken. Zweckmäßig betrachtet man dann das Gas vom Standpunkt des mit a mitbewegten Beobachters, für den alle anderen Moleküle mit der Geschwindigkeit $\boldsymbol{v}_b - \boldsymbol{v}_a$ auf a zugeflogen kommen. Die verschiedenen, in großem Abstand von a parallelen Bahnen kann man durch die Punkte P kennzeichnen, in denen ihre Verlängerungen auf die zu $\boldsymbol{v}_b - \boldsymbol{v}_a$ senkrechte Ebene durch das Molekül a treffen (vgl. Abb. 5). Bei gegebenen Kräften gehört zu jedem Punkt P eine ganz

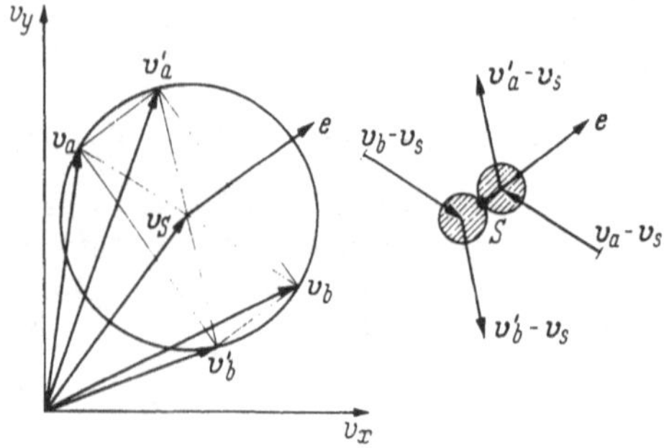

Abb. 4.

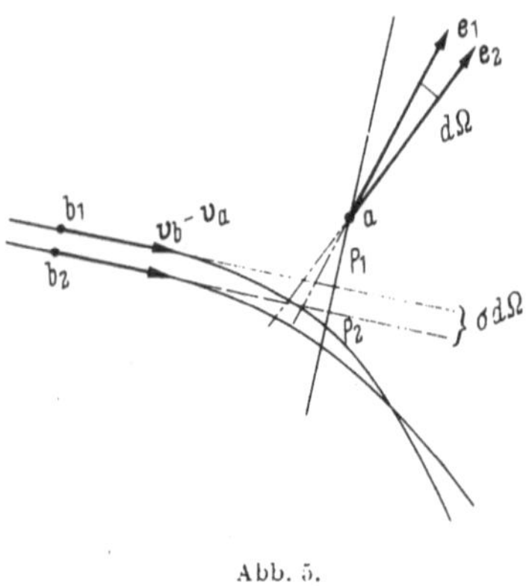

Abb. 5.

bestimmte Richtung von $\boldsymbol{e}$. Wenn diese in das durch $d\Omega$ gegebene Richtungsintervall fallen soll, muß P in einem zugehörigen, zu $d\Omega$ proportionalen Flächenelement $dS = \sigma d\Omega$ liegen. Den Proportionalitätsfaktor σ in dieser Beziehung nennt man den differentiellen Wirkungsquerschnitt. Er hängt bei gegebenen Kräften zwischen den Molekülen nur von $|\boldsymbol{v}_b - \boldsymbol{v}_a|$ und dem Winkel zwischen $\boldsymbol{e}$ und $\boldsymbol{v}_b - \boldsymbol{v}_a$ ab. Ist n die Molekülzahldichte der Moleküle der Sorte b, so ist die Zahl der Moleküle, die im Mittel in der Zeit Δt in der angegebenen Weise mit a zusammenstoßen, gleich $n\sigma d\Omega\,|\boldsymbol{v}_b - \boldsymbol{v}_a|\,\Delta t$, denn ihre Schwerpunkte müssen zu Beginn der Zeit Δt in einem zylindrischen Volumen mit dem Querschnitt $\sigma d\Omega$ und der Höhe $|\boldsymbol{v}_b - \boldsymbol{v}_a|\,\Delta t$ liegen. Dabei wird natürlich vorausgesetzt, daß die Strecke $|\boldsymbol{v}_b - \boldsymbol{v}_a|\,\Delta t$ groß ist gegenüber dem Abstand, in welchem die zwischenmolekularen Kräfte die sonst geradlinigen Bahnen der Moleküle merklich zu krümmen beginnen.

Ersetzt man nun n durch die Molekülzahldichte der Moleküle mit Geschwindigkeiten des Intervalles $d^3\boldsymbol{v}_b$, also durch $F(\boldsymbol{v}_b)\,d^3\boldsymbol{v}_b$, und summiert über alle $d^3\boldsymbol{v}_b$ und alle $d\Omega$, so erhält man die Gesamtzahl der Zusammenstöße eines Moleküls a mit irgendwelchen anderen Molekülen in dem wirklich vorliegenden Gas. Diese beträgt also

$$\iiint\limits_{\boldsymbol{v}_b} \iint\limits_{\boldsymbol{e}} F(\boldsymbol{v}_b)\sigma \cdot |\boldsymbol{v}_b - \boldsymbol{v}_a|\, d^3\boldsymbol{v}_b\, d\Omega\, \Delta t\,. \tag{14}$$

Die Zahl der Moleküle innerhalb des Volumens $d^3\boldsymbol{r}$ mit Geschwindigkeiten des Intervalles $d^3\boldsymbol{v}_a$ beträgt im Mittel $F(\boldsymbol{v}_a)\,d^3\boldsymbol{r}\,d^3\boldsymbol{v}_a$. Das Produkt dieser Zahl mit obigem Integral gibt an, um wieviel diese Zahl in der Zeit Δt durch Zusammenstöße mit andern abnimmt. Für die Änderung von F aus diesem 3. Grunde ergibt sich also

$$\left(\frac{\partial F}{\partial t}\, d^3\boldsymbol{v}_a\, d^3\boldsymbol{r}\, \Delta t\right)_{\substack{\text{Stöße mit}\\ \text{anderen Molekülen}}}$$

$$= -\iiint\limits_{\boldsymbol{v}_b} \iint\limits_{\boldsymbol{e}} F(\boldsymbol{v}_a)\, F(\boldsymbol{v}_b)\, |\boldsymbol{v}_b - \boldsymbol{v}_a|\, \sigma\, d^3\boldsymbol{v}_a\, d^3\boldsymbol{v}_b\, d^3\boldsymbol{r}\, d\Omega\, \Delta t. \tag{15}$$

Es bleibt noch zu berechnen, um wieviel $F(\boldsymbol{v}_a)\, d^3\boldsymbol{v}_a\, d^3\boldsymbol{r}$ in der Zeit Δt dadurch zunimmt, daß zwei andere Moleküle mit den Geschwindigkeiten $\boldsymbol{v}_a'$ und $\boldsymbol{v}_b'$ in $d^3\boldsymbol{r}$ gerade so zusammenstoßen, daß hinterher das Molekül a eine Geschwindigkeit im Intervall $d^3\boldsymbol{v}_a$ hat. Bei diesen sogenannten inversen Stößen sind also die Geschwindigkeiten vor und nach dem Zusammenstoß gegenüber den vorher betrachteten Stößen gerade vertauscht. Die Stoßnormale $\boldsymbol{e}'$ des inversen Stoßes ist daher nach Abb. 4 gerade zu $\boldsymbol{e}$ entgegengesetzt. σ hat daher den gleichen Wert, weil $|\boldsymbol{v}_b' - \boldsymbol{v}_a'| = |\boldsymbol{v}_b - \boldsymbol{v}_a|$ und $\boldsymbol{e} \cdot (\boldsymbol{v}_b - \boldsymbol{v}_a) = \boldsymbol{e}' \cdot (\boldsymbol{v}_b' - \boldsymbol{v}_a')$ ist. Die Anfangsgeschwindigkeiten $\boldsymbol{v}_a'$ und $\boldsymbol{v}_b'$ bei den inversen Stößen müssen in gewisse Volumenelemente $d^3\boldsymbol{v}_a'\, d^3\boldsymbol{v}_b'$ weisen, welche auf Grund der Beziehungen (13) zwischen $\boldsymbol{v}_a'$ und $\boldsymbol{v}_b'$ einerseits und $\boldsymbol{v}_a$ und $\boldsymbol{v}_b$ andererseits gerade zu dem vorgegebenen Volumenelement $d^3\boldsymbol{v}_a$ und einem anderen Volumenelement $d^3\boldsymbol{v}_b$ passen, über welches dann zu integrieren ist. Auf Grund der Symmetrie ergibt sich dabei, daß $d^3\boldsymbol{v}_a'\, d^3\boldsymbol{v}_b' = d^3\boldsymbol{v}_a\, d^3\boldsymbol{v}_b$ ist bzw. daß die Funktionaldeterminante dieser Umrechnung der Integrationsvariablen gleich 1 ist. Das läßt sich auch leicht analytisch aus den Gleichungen (13) ableiten. Daher erhält man für die Zunahme von $F(\boldsymbol{v}_a)\, d^3\boldsymbol{r}\, d^3\boldsymbol{v}_a$ in der Zeit Δt infolge inverser Stöße

$$\left(\frac{\partial F(\boldsymbol{v}_a)}{\partial t}\, d^3\boldsymbol{r}\, d^3\boldsymbol{v}_a \Delta t\right)_{\text{inverse Stöße}}$$

$$= + \iiint\limits_{\boldsymbol{v}_b} \iint\limits_{\boldsymbol{e}} F(\boldsymbol{v}_a') F(\boldsymbol{v}_b')\, |\boldsymbol{v}_b - \boldsymbol{v}_a|\, \sigma\, d^3\boldsymbol{v}_b\, d\Omega\, d^3\boldsymbol{r}\, d^3\boldsymbol{v}_a \Delta t. \quad (16)$$

Addition von (15) und (16) und Division durch $d^3\boldsymbol{v}_a\, d^3\boldsymbol{r}\, \Delta t$ liefert

$$\left(\frac{\partial F(\boldsymbol{v}_a)}{\partial t}\right)_{\text{Stöße}}$$

$$= \iiint\limits_{\boldsymbol{v}_b} \iint\limits_{\boldsymbol{e}} \{F(\boldsymbol{v}_a') F(\boldsymbol{v}_b') - F(\boldsymbol{v}_a) F(\boldsymbol{v}_b)\}\, |\boldsymbol{v}_b - \boldsymbol{v}_a|\, \sigma\, d^3\boldsymbol{v}_b\, d\Omega. \quad (17)$$

In diesem Integral sind $\boldsymbol{v}'_a$ und $\boldsymbol{v}'_b$ die durch (13) gegebenen Funktionen von $\boldsymbol{v}_a$ und $\boldsymbol{v}_b$. Der differentielle Wirkungsquerschnitt σ ist eine durch die Molekülkräfte gegebene Funktion von $|\boldsymbol{v}_b - \boldsymbol{v}_a|$ und $\boldsymbol{e} \cdot (\boldsymbol{v}_b - \boldsymbol{v}_a)$.

Die vollständige Boltzmannsche Fundamentalgleichung erhält man nun, indem man die rechte Seite von (8) durch obiges Integral ersetzt.

$$\left[\frac{\partial F}{\partial t} + \sum_{i=1}^{3}\left(v_i \frac{\partial F}{\partial x_i} + b_i \frac{\partial F}{\partial v_i}\right)\right]_{\boldsymbol{v}=\boldsymbol{v}_a}$$

$$= \int\!\!\int\!\!\int_{\boldsymbol{v}_b} \int\!\!\int_{\boldsymbol{e}} \{F(\boldsymbol{v}'_a)F(\boldsymbol{v}'_b) - F(\boldsymbol{v}_a)F(\boldsymbol{v}_b)\} |\boldsymbol{v}_b - \boldsymbol{v}_a| \sigma \, d^3\boldsymbol{v}_b \, d\Omega. \quad (18)$$

Für die Variable $\boldsymbol{r}$ ist rechts in dem Integral überall derselbe Wert wie links einzusetzen. Hinsichtlich $\boldsymbol{r}$ ist das also eine Differentialgleichung, hinsichtlich $\boldsymbol{v}$ eine Integro-Differentialgleichung. Sie ist ferner nichtlinear, da F im Integral quadratisch vorkommt. Wegen der komplizierten Gestalt dieser Gleichung ist die Berechnung der Verteilungsfunktion in Nichtgleichgewichtszuständen selbst in dem hier betrachteten einfachsten Fall noch sehr schwierig. Auf die Behandlung der Transporterscheinungen wie Wärmeleitung, Diffusion und innerer Reibung müssen wir deshalb hier verzichten.

§ 6. Das H-Theorem

Als einzige Anwendung der Boltzmannschen Fundamentalgleichung wollen wir nun die Verteilungsfunktion im thermodynamischen Gleichgewicht berechnen. In diesem Fall muß nämlich, wie wir zeigen wollen, die geschweifte Klammer im Integral auf der rechten Seite von (§ 5; 18) für alle $\boldsymbol{v}_a$ und $\boldsymbol{v}_b$ verschwinden. Zum Beweis betrachten wir nach Boltzmann das Integral

$$H = \int\!\!\int\!\!\int_{\boldsymbol{v}} \int\!\!\int\!\!\int_{\boldsymbol{r}} F(\boldsymbol{r}, \boldsymbol{v}) \ln [C F(\boldsymbol{r}, \boldsymbol{v})] \, d^3\boldsymbol{r} \, d^3\boldsymbol{v}. \quad (1)$$

Darin ist C irgendeine positive Konstante, die nur dafür sorgt, daß unterm Logarithmus eine Zahl steht. Da F eine Größe der Größenart (Zeit)^3/(Länge)^6 ist, hat der Ausdruck $\ln F$, der in den meisten anderen Darstellungen anstelle von $\ln CF$ steht, keinen Sinn. In (1) wird über alle $\boldsymbol{v}$ und alle $\boldsymbol{r}$ integriert. Wir beschränken uns auf die Betrachtung eines Gases in einem Gefäß, an dessen Wandung die potentielle Energie jedes Moleküls über alle Grenzen steigt. Da die Gesamtenergie des Gases endlich ist, muß dann F im Limes $|\boldsymbol{r}| \to \infty$ und $|\boldsymbol{v}| \to \infty$ gegen null gehen. Wir werden nachher sehen, daß F an diesen Grenzen exponentiell verschwindet, so daß in (1) und allen folgenden Integralen keinerlei Konvergenzschwierigkeiten auftreten.

Boltzmann zeigte nun, daß H auf Grund der Boltzmannschen Fundamentalgleichung nur abnehmen kann. Zum Beweis bilden wir

$$\frac{dH}{dt} = \int\limits_{\boldsymbol{v}} \int\limits_{\boldsymbol{r}} \frac{\partial F}{\partial t} \left\{\ln CF + 1\right\} d^3\boldsymbol{r}\, d^3\boldsymbol{v} \tag{2}$$

und setzen für $\frac{\partial F}{\partial t}$ den Ausdruck (§ 5; 18) ein. Dabei erhält man zunächst Integrale der Form

$$\int\limits_{\boldsymbol{r}} \int\limits_{\boldsymbol{v}} v_i \frac{\partial F}{\partial x_i} \left\{\ln CF + 1\right\} d^3\boldsymbol{r}\, d^3\boldsymbol{v} = \int\limits_{\boldsymbol{r}} \int\limits_{\boldsymbol{v}} \frac{\partial}{\partial x_i} \left\{v_i F \ln CF\right\} d^3\boldsymbol{v}\, d^3\boldsymbol{r}. \tag{3}$$

Darin läßt sich die Integration über x_i ausführen und liefert null, weil F im Unendlichen gegen null geht. Aus demselben Grund verschwindet das Integral

$$\int\limits_{\boldsymbol{r}} \int\limits_{\boldsymbol{v}} b_i \frac{\partial F}{\partial v_i} \left\{\ln CF + 1\right\} d^3\boldsymbol{r}\, d^3\boldsymbol{v} = \int\limits_{\boldsymbol{r}} \int\limits_{\boldsymbol{v}} \frac{\partial}{\partial v_i} \left\{b_i F \ln CF\right\} d^3\boldsymbol{v}\, d^3\boldsymbol{r}. \tag{4}$$

Beim Einsetzen der Boltzmannschen Fundamentalgleichung in (2) liefert also nur das von den Stößen herrührende Integral einen von null verschiedenen Beitrag. Bezeichnet man die Integrationsvariable $\boldsymbol{v}$ in (2) mit $\boldsymbol{v}_a$, so erhält man

$$\frac{dH}{dt} = \int\limits_{\boldsymbol{r}} \int\limits_{\boldsymbol{e}} \int\limits_{\boldsymbol{v}_a} \int\limits_{\boldsymbol{v}_b} \left\{F(\boldsymbol{v}_a') F(\boldsymbol{v}_b') - F(\boldsymbol{v}_a) F(\boldsymbol{v}_b)\right\} \cdot \\ \{\ln CF(\boldsymbol{v}_a) + 1\} \, |\boldsymbol{v}_b - \boldsymbol{v}_a| \, \sigma \, d^3\boldsymbol{v}_a \, d^3\boldsymbol{v}_b \, d\Omega \, d^3\boldsymbol{r}. \tag{5}$$

Dieses Integral wird nun noch dreimal hingeschrieben. Einmal vertauscht man die Bezeichnungen von $\boldsymbol{v}_a$ und $\boldsymbol{v}_b$, was nach (§ 5; 13) auch eine Vertauschung von $\boldsymbol{v}_a'$ mit $\boldsymbol{v}_b'$ nach sich zieht. Das Integral ändert sich dadurch nicht, nur steht statt $\{\ln CF(\boldsymbol{v}_a) + 1\}$ jetzt $\{\ln CF(\boldsymbol{v}_b) + 1\}$ im Integranden.

Zweitens kann man auch die Bezeichnungen von $\boldsymbol{v}_a$ und $\boldsymbol{v}_b$ einerseits und $\boldsymbol{v}_a'$ und $\boldsymbol{v}_b'$ andererseits vertauschen. Wegen $|\boldsymbol{v}_a' - \boldsymbol{v}_b'| = |\boldsymbol{v}_a - \boldsymbol{v}_b|$ und $d^3\boldsymbol{v}_a' \, d^3\boldsymbol{v}_b' = d^3\boldsymbol{v}_a \, d^3\boldsymbol{v}_b$ (vgl. S. 26) sowie der Symmetrie von σ gegenüber dieser Vertauschung erhält man dann

$$\frac{dH}{dt} = \int\limits_{\boldsymbol{r}} \int\limits_{\boldsymbol{e}} \int\limits_{\boldsymbol{v}_a} \int\limits_{\boldsymbol{v}_b} \left\{F(\boldsymbol{v}_a) F(\boldsymbol{v}_b) - F(\boldsymbol{v}_a') F(\boldsymbol{v}_b')\right\} \cdot \\ \{\ln CF(\boldsymbol{v}_a') + 1\} \, |\boldsymbol{v}_b - \boldsymbol{v}_a| \, \sigma \, d^3\boldsymbol{v}_a \, d^3\boldsymbol{v}_b \, d\Omega \, d^3\boldsymbol{r}. \tag{6}$$

Vertauscht man nun noch einmal die Bezeichnungen von $\boldsymbol{v}_a$ und $\boldsymbol{v}_b$ und addiert die vier verschieden geschriebenen Ausdrücke für dH/dt, so erhält man

$$4\frac{dH}{dt} = \int\limits_{\boldsymbol{r}} \int\limits_{\boldsymbol{e}} \int\limits_{\boldsymbol{v}_a} \int\limits_{\boldsymbol{v}_b} \left\{F(\boldsymbol{v}_a') F(\boldsymbol{v}_b') - F(\boldsymbol{v}_a) F(\boldsymbol{v}_b)\right\} \cdot \\ \{\ln C^2F(\boldsymbol{v}_a) F(\boldsymbol{v}_b) - \ln C^2F(\boldsymbol{v}_a') F(\boldsymbol{v}_b')\} \cdot \\ |\boldsymbol{v}_b - \boldsymbol{v}_a| \, \sigma \, d^3\boldsymbol{v}_a \, d^3\boldsymbol{v}_b \, d\Omega \, d^3\boldsymbol{r}. \tag{7}$$

Der Integrand dieses Integrals ist stets negativ oder null. Da nämlich $\ln\xi$ mit ξ monoton steigt, ist für alle ξ und η

$$\{\xi - \eta\} \{\ln\xi - \ln\eta\} \geqq 0. \tag{8}$$

Das Gleichheitszeichen gilt nur, wenn $\xi = \eta$ ist. Setzt man $\xi = C^2 F(\boldsymbol{v}_a) F(\boldsymbol{v}_b)$ und $\eta = C^2 F(\boldsymbol{v}'_a) F(\boldsymbol{v}'_b)$, so haben die geschweiften Klammern in (7) bis auf den Faktor $-C^2$ gerade die Form (8), und σ und $|\boldsymbol{v}_b - \boldsymbol{v}_a|$ sind stets $\geqq 0$.

Wenn sich also in einem Gas überhaupt nach einiger Zeit ein stationärer Zustand mit zeitlich konstanter Verteilungsfunktion einstellt, muß in diesem Zustand $dH/dt = 0$ sein. Für alle Werte von $\boldsymbol{v}_a$, $\boldsymbol{v}_b$ und $\boldsymbol{e}$ sowie für alle Orte ist dann $\xi = \eta$ oder

$$F(\boldsymbol{v}'_a) F(\boldsymbol{v}'_b) = F(\boldsymbol{v}_a) F(\boldsymbol{v}_b). \tag{9}$$

Variiert man nun $\boldsymbol{e}$ bei festen $\boldsymbol{v}_a$ und $\boldsymbol{v}_b$, so durchlaufen die Endpunkte von $\boldsymbol{v}'_a$ und $\boldsymbol{v}'_b$ alle Paare von gegenüberliegenden Punkten auf der in Abb. 4 dargestellten Kugel um den Endpunkt von $\boldsymbol{v}_s$. Das besagt: Die linke Seite der Gleichung (9) hängt gar nicht mehr von $\boldsymbol{v}'_a$ und $\boldsymbol{v}'_b$ einzeln ab, sondern nur von den Parametern, welche diese Kugel festlegen, also von der Schwerpunktsgeschwindigkeit $\boldsymbol{v}_s = (\boldsymbol{v}_a + \boldsymbol{v}_b)/2$ und der kinetischen Energie $\varepsilon = \frac{m_0}{2} (\boldsymbol{v}_a^2 + \boldsymbol{v}_b^2)$ der beiden zusammenstoßenden Moleküle:

$$F(\boldsymbol{v}_a) F(\boldsymbol{v}_b) = G(\boldsymbol{v}_s, \varepsilon). \tag{10}$$

Differenziert man den Logarithmus dieser Gleichung nach der i-ten Komponente von $\boldsymbol{v}_a$, so erhält man

$$\frac{1}{F(\boldsymbol{v}_a)} \frac{\partial F(\boldsymbol{v}_a)}{\partial v_{ai}} = \frac{1}{2G} \frac{\partial G}{\partial v_{si}} + \frac{1}{G} \frac{\partial G}{\partial \varepsilon} m_0 v_{ai}. \tag{11}$$

Diese Gleichung muß für alle $\boldsymbol{v}_b$ gelten. Die linke Seite hängt aber von $\boldsymbol{v}_b$ nicht mehr ab. Also tut es auch die rechte nicht. Bei festem $\boldsymbol{v}_a$ kann man aber durch Veränderung von $\boldsymbol{v}_b$ noch beliebige Werte von $\boldsymbol{v}_s$ und ε $\left(> \frac{m_0}{2} v_a^2\right)$ erzielen. Demnach sind die Größen $\alpha_i = \frac{1}{2G} \frac{\partial G}{\partial v_{si}}$ und $\beta = -\frac{m_0}{2G} \frac{\partial G}{\partial \varepsilon}$ in (11) konstant. Wir erhalten somit

$$\frac{1}{F(\boldsymbol{v}_a)} \frac{\partial F}{\partial v_{ai}} = \alpha_i - 2\beta v_{ai}. \quad (i = 1, 2, 3). \tag{12}$$

Daraus folgt durch Integration

$$F(\boldsymbol{v}_a) = C\,e^{\sum\limits_{i=1}^{3} \alpha_i v_{ai} - \beta \boldsymbol{v}_a^2}. \tag{13}$$

Betrachtet man ein makroskopisch ruhendes Gas, so verschwindet der Mittelwert jeder Komponente von $\boldsymbol{v}_a$:

$$\int v_{ai}\, F(\boldsymbol{v}_a)\, d^3\boldsymbol{v}_a = 0. \tag{14}$$

Daraus ergibt sich, daß in diesem Fall $a_1 = a_2 = a_3 = 0$ ist und daher

$$F(\boldsymbol{v}_a) = C\,e^{-\beta \boldsymbol{v}_a^2}, \tag{15}$$

wie wir es am Anfang von § 5 behauptet haben.

Das scheint ein einwandfreier Beweis der Maxwell-Boltzmannschen Verteilungsfunktion zu sein, und doch läßt sich dagegen ein schwerwiegender Einwand geltend machen, nämlich der Umkehreinwand von Zermelo. Nach (7) ist in jedem Zustand, in welchem F von der Gleichgewichtsverteilung abweicht, dH/dt negativ. In der zugrunde gelegten Newtonschen Bewegungsgleichung mit konservativen Kräften kommen aber nur die zweiten Ableitungen aller Koordinaten nach der Zeit vor. Aus jeder ihrer Lösungen läßt sich durch Umkehr des Vorzeichens der Zeit t eine andere Lösung gewinnen, bei der alle Vorgänge in umgekehrter Reihenfolge ablaufen. Wenn also bei der einen dH/dt stets $\leqq 0$ war, ist bei der anderen stets $dH/dt \geqq 0$.

Die Auflösung dieses Paradoxons kann hier nur angedeutet werden durch den Hinweis, daß die Verteilungsfunktion und daher auch H keine Aussagen über das genaue Verhalten des Gases im Einzelfall machen, sondern nur solche über ihr mittleres Verhalten. Dementsprechend bestimmten wir auf S. 25 auch nur die mittlere Anzahl der Zusammenstöße in einem Zeitintervall Δt, in welchem die Moleküle eine im Vergleich zur Reichweite der molekularen Kräfte große Strecke zurücklegen. Die exakt bestimmbaren Zustandsgrößen eines Gases wie z. B. die Molekülzahl in einem Teilvolumen von 1 mm³ Größe schwanken in Wirklichkeit. Kleine Schwankungen sind sehr häufig, große Schwankungen dagegen sehr selten. Bei Molekülzahlen der Größenordnung 10^{23} ist unter Normalbedingungen schon eine Abweichung vom Mittelwert, die noch weit unter der Meßbarkeitsgrenze liegt, extrem selten, so daß die mittlere Wartezeit, bis sie einmal auftritt, ein unvorstellbar hohes Vielfaches des Weltalters beträgt. Betrachtet man nun einen Ausgangszustand, bei dem diese Zahl etwa 1% über dem Mittelwert liegt, so wird diese Zahl nach einer Zeit, in der jedes Molekül im Mittel eine Strecke von mehreren Zentimetern zurücklegt, mit einer an Sicherheit grenzenden Wahrscheinlichkeit kleiner sein als zu Anfang, denn nach dieser Zeit ist ihr Wert statistisch unabhängig vom Anfangswert und weicht daher praktisch immer weniger von dem Mittelwert ab als zu Anfang. Die Änderung dieser Zahl in einer viel kürzeren Zeit, in der etwa nur 1000 Moleküle die Oberfläche des betrachteten Teilvolumens überschreiten, ist dagegen gleich häufig positiv oder negativ, weil es dafür nur auf die Anfangsverteilung der Moleküle in nächster Nähe der Oberfläche ankommt.

Das gleiche gilt sinngemäß für H. Wenn es möglich ist, eine stetige Funktion H der Molekülkoordinaten und Geschwindigkeiten zu definieren, deren Mittelwert mit der Größe (1) übereinstimmt, so hängt deren wahrer Differentialquotient dH/dt von den kleinen Schwankungen ab und ist praktisch gleich häufig positiv oder negativ. Die in (7) stehende Größe ist dagegen als Differenzenquotient $\Delta H/\Delta t$ aufzufassen für eine Zeitdifferenz Δt, die groß gegen die mittlere Dauer der kleinen Schwankungen ist. Wenn im Ausgangszustand H wesentlich größer ist als sein Mittelwert im thermodynamischen Gleichgewicht, ist die Änderung ΔH in dieser Zeit Δt groß gegen die Amplitude der Schwankungen und praktisch stets negativ. In diesem Sinne scheint die Aussage des H-Theorems einwandfrei richtig zu sein, wenn auch der obige Beweis wegen der Vernachlässigung der Schwankungserscheinungen nicht ganz einwandfrei ist.

II. Die statistischen Gesamtheiten

§ 7. Die mikrokanonische Gesamtheit

In den folgenden Paragraphen sollen die allgemeinen Methoden zur Berechnung thermodynamischer Mittelwerte behandelt werden. Zuerst betrachten wir einen makroskopischen Körper, der von seiner Umgebung isoliert ist, so daß durch seine Begrenzungsfläche weder Arbeit noch Wärme noch Materie hindurchtritt. Ferner setzen wir voraus, daß die Bewegungen seiner Atome und Moleküle den Gesetzen der klassischen Mechanik genügen. Die Abänderung durch die Quantenmechanik behandeln wir später. Der Zustand des Körpers kann unter diesen Annahmen exakt durch Angabe einer großen Anzahl von Lagekoordinaten $q_1, q_2, \ldots, q_N$ und ihrer dazu kanonisch konjugierten Impulse $p_1, p_2, \ldots, p_N$ beschrieben werden bzw. durch einen Punkt in dem $2N$-dimensionalen Raum mit den Koordinaten $q_1, q_2, \ldots, p_N$, dem sogenannten Γ-Raum. Die Bewegung des Bildpunktes wird durch die kanonischen Gleichungen

$$\dot{p}_i = -\frac{\partial H}{\partial q_i}, \quad \dot{q}_i = \frac{\partial H}{\partial p_i} \tag{1}$$

bestimmt. Die Hamiltonfunktion $H(p_i, q_i)$ soll hier stets als unabhängig von der Zeit vorausgesetzt werden, so daß ihr Wert, die Gesamtenergie E des betrachteten Körpers, zeitlich konstant ist. Denn aus (1) folgt:

$$\frac{dH}{dt} = \sum_{i=1}^{N} \left(\frac{\partial H}{\partial p_i} \dot{p}_i + \frac{\partial H}{\partial q_i} \dot{q}_i \right) = 0. \tag{2}$$

Die Bahn des Bildpunktes im Γ-Raum liegt also vollständig auf der „Fläche"

$$H(p_i, q_i) = E = \text{konstant.} \tag{3}$$

Durch diese Gleichung ist ein $(2N-1)$-dimensionaler Teilraum im $2N$-dimensionalen Γ-Raum ausgezeichnet, welchen man auch als die Energiehyperfläche bezeichnet.

In der statistischen Mechanik werden nur Aussagen über Mittelwerte gemacht, also über Größen der Form

$$\overline{F(p_i, q_i)} = \frac{1}{T} \int_{t=0}^{T} F(p_i(t), q_i(t))\, dt, \tag{4}$$

wobei im Integral eine Lösung von (1) einzusetzen ist. Die Mittelungszeit T ist so groß zu wählen, daß $\overline{F}$ durch weitere Vergrößerung von T nicht mehr geändert wird. Streng genommen wäre also der Grenzübergang $T \to \infty$ zu vollziehen. Praktisch genügt in der Regel ein Zeitintervall, das klein gegen die Dauer üblicher Versuche ist. Auch die Wahrscheinlichkeit, für die p_i und q_i Werte der Intervalle Δp_i und Δq_i zu finden, ist solch ein Mittelwert, nämlich der Mittelwert einer Funktion F, die innerhalb dieser Intervalle gleich 1 ist und sonst null. Dann ist $\bar{F}$ gleich der relativen Aufenthaltsdauer des Bildpunktes in dem ausgezeichneten Volumenelement $\Delta\tau = \Delta p_1 \Delta p_2 \ldots \Delta p_N \Delta q_1 \ldots \Delta q_N$ im Γ-Raum.

Nun ist anzunehmen, daß die Mittelwerte davon abhängen, welche Lösung von (1) man in (4) einsetzt bzw. welche Anfangswerte p_i $(t = 0)$ und q_i $(t = 0)$ man zur Zeit $t = 0$ vorgibt. Erfahrungsgemäß ist das aber bei wirklichen Körpern nicht der Fall. Betrachtet man z. B. ein Gas in einem ruhenden Kasten, so werden sich die Gasmoleküle nach kurzer Zeit gleichmäßig über das ganze Volumen ausbreiten und die Maxwell-Boltzmannsche Geschwindigkeitsverteilung annehmen, gleichgültig, welcher Zustand anfänglich vorlag. Da im Limes $T \to \infty$ das Integral über das endliche Zeitintervall bis zur Erreichung des thermodynamischen Gleichgewichts keinen Beitrag zum Mittelwert liefert, ist er daher vom Anfangszustand unabhängig.

Die Modelle, welche man in der statistischen Mechanik verwendet, haben diese Eigenschaft aber vielfach nicht. Oft nimmt man an, daß die Gasmoleküle sich wie elastische Kugeln verhalten, die außer bei Berührung keine Kraft aufeinander ausüben. Wenn nun der Kasten ideal glatte, elastisch reflektierende und zueinander rechtwinklige Wände

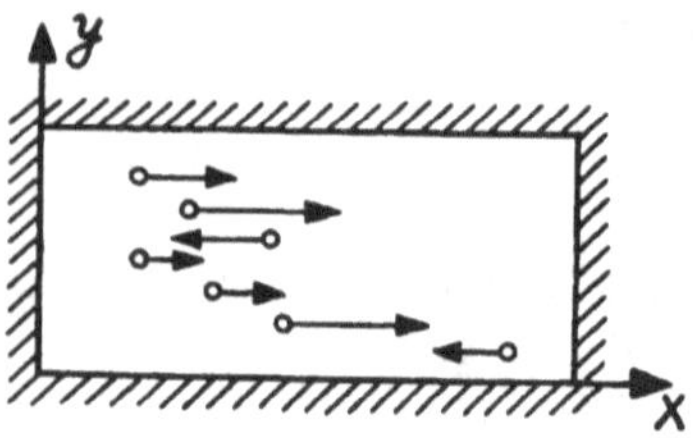

Abb. 6. Ein Beispiel für ein System, in welchem ein Mittelwert unter Umständen vom Anfangszustand abhängt und die Quasi-Ergodenhypothese nicht gilt.

besitzt und zu Anfang die Geschwindigkeit aller Moleküle genau parallel zu einer der Kanten ist (vgl. Abb. 6), so verlaufen alle Bahnen geradlinig zwischen zwei gegenüberliegenden Wänden hin und her. Sofern der Abstand aller dieser Bahnen größer als der Kugeldurchmesser ist, finden niemals Zusammenstöße statt. Keines der Moleküle nimmt dann je eine Geschwindigkeit an, die nicht parallel zu ihrem Anfangswert ist. In Wirklichkeit gibt es solche idealen Wände aber nicht. Die Moleküle werden daher mindestens teilweise etwas schief reflektiert, werden nach einiger Zeit zusammenstoßen und schließlich eine regellose Verteilung annehmen. Boltzmann versuchte deshalb, solche zu stark idealisierten Modelle aus der Betrachtung auszuschließen, indem er zusätzlich forderte, die betrachteten Systeme sollten ergodisch sein. Einen Körper bezeichnet man als ergodisch, wenn die Bahn seines Bildpunktes im Γ-Raum nach genügend langer Zeit von jedem Anfangspunkt aus jeden anderen Punkt der Energiehyperfläche erreicht. In einem solchen System ist offenbar der zeitliche Mittelwert jeder Größe im Limes $T \longrightarrow \infty$ vom Anfangspunkt unabhängig, weil es dann sozusagen nur eine einzige Bahn gibt, die alle Punkte der Energiehyperfläche enthält. Sie werden, je nach der Wahl des Anfangspunktes, nur in verschiedener Reihenfolge durchlaufen.

Man betrachtet nun eine Verteilung von ungeheuer vielen Punkten auf der Energiehyperfläche mit zeitlich konstanter Dichte. Die zeitlichen Mittelwerte über alle Bahnen, deren Anfangspunkte zur Zeit $t = 0$ diese Verteilung bilden, sind nach der Ergodenhypothese alle gleich und daher auch gleich dem über alle Bahnen gemittelten Mittelwert der zeitlichen Mittelwerte. Der Mittelwert von $F(p_i(t), q_i(t))$ über die Punkte aller verschiedenen Bahnen zum gleichen Zeitpunkt t ist aber von t unabhängig, weil ihre Dichteverteilung zeitunabhängig ist. Daher kann man die Zeitmittelung fortlassen und erhält als Ergebnis dieser Überlegung: *Der zeitliche Mittelwert jeder Größe ist in einem energetisch abgeschlossenen System gleich ihrem Mittelwert über die Punkte einer stationären Verteilung auf der Energiehyperfläche.*

Von diesem Satz geht man in der statistischen Mechanik stets aus. Seine Begründung sieht man jedoch heute nicht mehr als stichhaltig an, weil es keine ergodischen Systeme gibt. Immer, wenn der Γ-Raum mehr als zwei Dimensionen besitzt, ist die Mächtigkeit der Punkte auf der $(2N - 1)$-dimensionalen Energiehyperfläche größer als die der Punkte einer Bahn, und daher kann es keine Bahn geben, die durch alle Punkte der Energiehyperfläche hindurchgeht. Man versuchte deshalb, mit geringeren Voraussetzungen auszukommen und hat nur die Erfüllung der Quasi-Ergodenhypothese gefordert, welche besagt, daß die Bahn des Bildpunktes im Γ-Raum von jedem Ausgangspunkt aus jedem anderen Punkt beliebig nahe kommt. Es ist aber zweifelhaft, ob das zum Beweis ausreicht. Denn bei Mittelung über unendlich lange Zeit kann der zeitliche Mittelwert einer Größe selbst in Systemen mit einer überall regulären Hamiltonfunktion durchaus unstetig von der Lage des Anfangspunktes abhängen. Außerdem ist es zweifelhaft, ob es Systeme gibt, welche die Quasi-Ergodenhypothese erfüllen. Das oben betrachtete Modell mit Kugel-Molekülen in einem idealen, rechteckigen Kasten tut es offenbar nicht. Es ist denkbar, daß es selbst beim Vorliegen von rauhen, aber elastisch reflektierenden Wänden immer Bahnen gibt, welche die Quasi-Ergodenhypothese verletzen, nur ist ihre Gestalt nicht so leicht zu erkennen wie in dem vorher betrachteten Fall.

An diesem idealisierten Modell erkennt man aber auch, daß der betrachtete Anfangszustand mit lauter Geschwindigkeitsvektoren parallel zu der einen Kante des Kastens einen sehr singulären Ausnahmefall bildet. Wenn nur eines der Moleküle anfangs ein wenig schief fliegt, werden nach einiger Zeit Zusammenstöße erfolgen, und dann bildet sich rasch die regellose Verteilung, die wir als Regelfall erwarten. Betrachtet man die Gesamtheit der Bahnen, deren Anfangspunkte die gesamte Energiehyperfläche im Γ-Raum erfüllen, so gibt es vermutlich unter ihnen nur ganz, ganz wenige Bahnen, für die der Mittelwert irgendeiner Größe F über eine genügend lange Zeit T von dem im Normalfall auftretenden Wert abweicht. Wahrscheinlich bilden diese Ausnahmepunkte eine Punktmenge geringerer Dimension als die Gesamtheit der Punkte der Energiehyperfläche und fallen daher praktisch nicht ins Gewicht. Denn wenn etwa eine gewisse Aussage im Mittel unter je 10^{30} Fällen nur einmal falsch ist, ist sie zwar als mathematischer Satz falsch, aber praktisch doch richtig. Denn selbst wenn jeder bisher geborene Mensch diese Aussage sein ganzes Leben lang in jeder Sekunde eine Million mal nachgeprüft hätte, kämen nur etwa 10^{26} Versuche zusammen. Ein Ausnahmefall würde also wahrscheinlich dann noch keinmal beobachtet worden sein. In diesem Sinne ist es vermutlich wegen der Ungültigkeit der Ergodenhypothese für viele Modelle zwar mathematisch falsch, aber praktisch-physikalisch trotzdem richtig, daß der Mittelwert jeder Größe F vom Anfangszustand unabhängig ist und daher dem Mittelwert über eine stationäre Verteilung von Punkten auf der Energiehyperfläche gleichgesetzt werden kann.

Anstelle einer stationären Verteilung von Punkten auf einer Energiehyperfläche betrachtet man einfacher eine stationäre Verteilung in dem schalenförmigen Volumen zwischen zwei Energiehyperflächen mit der Energie E und $E + \delta E$. Bei genügend kleinem δE ist das praktisch dasselbe. Eine Verteilung mit konstanter Dichte in dieser Schale ist stationär. Ist nämlich $\varrho(p_i, q_i)\, dp_1 \ldots dq_N$ die mittlere Anzahl der Punkte im Volumenelement $d\tau = dp_1 \ldots dq_N$ und $\boldsymbol{v}$ der $2N$-dimensionale Geschwindigkeitsvektor mit den Komponenten $\dot{p}_i, \dot{q}_i$ $(i = 1, 2 \ldots N)$, so gilt:

$$\frac{\partial \varrho}{\partial t} + \operatorname{div}(\varrho \boldsymbol{v}) = \frac{\partial \varrho}{\partial t} + \sum_{i=1}^{N} \left[\frac{\partial}{\partial p_i} (\varrho \dot{p}_i) + \frac{\partial}{\partial q_i} (\varrho \dot{q}_i) \right] = 0. \quad (5)$$

Das folgert man im $2N$-dimensionalen Raume genauso wie im dreidimensionalen Raume aus der Tatsache, daß kein Bildpunkt entstehen oder vergehen kann, sondern sich nur stetig im Γ-Raum verschiebt[1]). Wenn nun ϱ nur von H abhängt, also $\varrho = \varrho(H)$, so folgt aus (1)

$$\operatorname{div}(\varrho \boldsymbol{v}) = \sum_{i=1}^{N} \left\{ \frac{d\varrho}{dH} \left(\frac{\partial H}{\partial p_i} \dot{p}_i + \frac{\partial H}{\partial q_i} \dot{q}_i \right) + \varrho \left(\frac{\partial \dot{p}_i}{\partial p_i} + \frac{\partial \dot{q}_i}{\partial p_i} \right) \right\} = 0, \quad (6)$$

also $\partial \varrho / \partial t = 0$. Diese Aussage, daß eine Verteilung mit der Dichte $\varrho = \varrho(H)$ stationär ist, bezeichnet man als den Liouvilleschen Satz.

Eine Punktverteilung im Γ-Raum, welche im Gebiet zwischen zwei benachbarten Energiehyperflächen $H = E$ und $H = E + \delta E$ eine räumlich und wegen des Liouvilleschen Satzes auch zeitlich konstante Dichte besitzt, außerhalb

---

[1]) Vgl. die Ableitung der Kontinuitätsgleichung in der Theorie der elektrischen Ströme: W. Döring, Theorie des elektromagnetischen Feldes. Sammlung Göschen Bd. 77, § 13.

davon jedoch die Dichte null, nennt man eine *mikrokanonische Gesamtheit.* Als Resultat aller obigen Betrachtungen ergibt sich daher:

Der über eine genügend lange Zeit erstreckte Mittelwert irgendeiner Größe $F(p_i, q_i)$ eines energetisch abgeschlossenen Körpers mit sehr vielen Freiheitsgraden ist, unabhängig vom Anfangszustand, gleich dem Mittelwert über eine mikrokanonische Gesamtheit. Einzelne, singuläre Anfangszustände, die praktisch nicht vorkommen, sind dabei unter Umständen auszuschließen.

Da sich bei der Mittelung die Größe der konstanten Punktdichte in der Energieschale zwischen E und $E + \delta E$ heraushebt, erhält man formelmäßig

$$\bar{F} = \frac{\int\!\!\int\!\!\int\cdot\cdot\int_{E}^{E+\delta E} F(p_i, q_i)\, dp_1 \ldots dq_N}{\int\!\!\int\!\!\int\cdot\cdot\int_{E}^{E+\delta E} dp_1 \ldots dq_N}\,. \tag{7}$$

Das Integral über $F(p_i, q_i)$ über alle Punkte des Γ-Raumes, für welche $H(p_i, q_i) < E$ ist, wollen wir mit

$$J_F(E) = \int\!\!\int\!\!\int\cdot\cdot\int_{E=-\infty}^{E} F(p_i, q_i)\, dp_1 \ldots dq_N \tag{8}$$

bezeichnen. Ersetzt man hierin F durch die Zahl 1, so erhält man das Phasenvolumen

$$\Phi(E) = \int\!\!\int\!\!\int\cdot\cdot\int_{E=-\infty}^{E} dp_1 \ldots dq_N\,. \tag{9}$$

In (7) ist der Zähler offenbar gleich $J_F(E + \delta E) - J_F(E)$ und der Nenner $\Phi(E + \delta E) - \Phi(E)$. Dividiert man Zähler und Nenner durch δE und vollzieht dann den Grenzübergang $\delta E \to 0$, so ergibt sich

$$\bar{F} = \frac{dJ_F(E)/dE}{d\Phi/dE}\,. \tag{10}$$

Das ist die Ausgangsformel für alle weiteren Berechnungen.

Zum Schluß sei nur noch bemerkt, daß diese Überlegung nur dann richtig ist, wenn für den betrachteten Körper kein weiterer Erhaltungssatz außer dem Satz von der Erhaltung der Energie gilt. Wenn man etwa eine Gaskugel im Weltenraum betrachtet, ohne Einfluß äußerer Kräfte, so sind ausser der Energie auch der gesamte Impuls und Drehimpuls konstant. Dann sind alle die hier vorkommenden Integrationen natürlich nur über denjenigen Teil des Γ-Raumes zu erstrecken, der zu den gegebenen Werten dieser konstanten Größen gehört. Man wählt sie zweckmäßig als Koordinaten oder Impulse und unterdrückt die Integration über sie. Da so etwas unter den üblichen irdischen Bedingungen nicht vorkommt, wurde hier davon abgesehen.

§ 8. Der Gleichverteilungssatz

Als erste Anwendung der Mittelung über eine mikrokanonische Gesamtheit soll der Mittelwert von $F(p_i, q_i) = p_1 \frac{\partial H}{\partial p_1}$ berechnet werden. Bei der Berechnung von $J_F(E)$ kann man dabei zunächst partiell über p_1 integrieren bei festgehaltenen Werten aller anderen Variablen, also längs einer Geraden parallel zur p_1-Achse von p_u bis p_o, den Werten

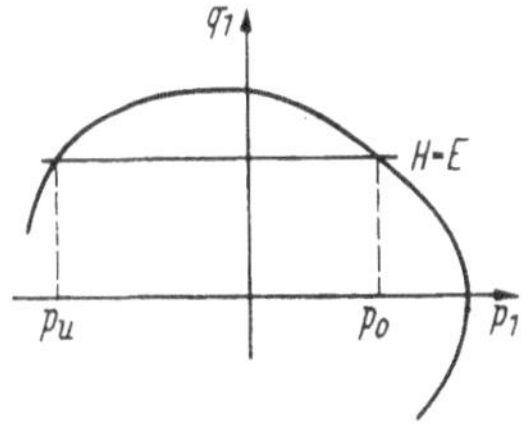

Abb. 7

von p_1, wo diese Gerade die Fläche $H = E$ schneidet (vgl. Abb. 7). Dafür ergibt sich

$$\int_{p_u}^{p_o} p_1 \frac{\partial H}{\partial p_1}\, dp_1 = \Big[p_1 H\Big]_{p_u}^{p_o} - \int_{p_u}^{p_o} H dp_1 = E \int_{p_u}^{p_o} dp_1 - \int_{p_u}^{p_o} H dp_1. \quad (1)$$

Nach Hinzufügen der anderen Integrationen erhält man wegen (§ 7; 8 und 9)

$$J_F(E) = \int\limits_{E=-\infty}^{E} \cdots \int p_1 \frac{\partial H}{\partial p_1} dp_1 \ldots dq_N$$

$$= E \int\limits_{E=-\infty}^{E} \cdots \int dp_1 \ldots dq_N - \int\limits_{E=-\infty}^{E} \cdots \int H dp_1 \ldots dq_N \tag{2}$$

$$= E\Phi(E) - J_H(E).$$

Auf der rechten Seite dieses Ausdruckes kommt die Impulskoordinate p_1 gar nicht mehr explizit vor. Die gleiche Rechnung liefert also für das Integral über $p_j \frac{\partial H}{\partial p_j}$ oder $q_j \frac{\partial H}{\partial q_j}$ stets denselben Ausdruck und daher auch den gleichen Mittelwert. Also gilt:

$$\overline{p_j \frac{\partial H}{\partial p_j}} = \overline{q_k \frac{\partial H}{\partial q_k}} \quad \text{für alle } j \text{ und } k. \tag{3}$$

Auch der Wert dieser Konstante ist leicht zu berechnen, wenn $\Phi(E)$ bekannt ist. Zunächst findet man

$$\frac{dJ_H(E)}{dE} = \frac{d}{dE} \int\limits_{E=-\infty}^{E} \cdots \int H dp_1 \ldots dq_N$$

$$= \lim_{\Delta E \to 0} \frac{1}{\Delta E} \int\limits_{E}^{E+\Delta E} \cdots \int H dp_1 \ldots dq_N \tag{4}$$

$$= E \lim_{\Delta E \to 0} \frac{1}{\Delta E} \int\limits_{E}^{E+\Delta E} \cdots \int dp_1 \ldots dq_N = E \frac{d\Phi(E)}{dE}.$$

Damit folgt

$$\frac{dJ_F(E)}{dE} = \frac{d}{dE}\left[E\Phi(E) - J_H(E)\right] = \Phi(E) \tag{5}$$

und damit nach (§ 7; 10)

$$\overline{p_j \frac{\partial H}{\partial p_j}} = \overline{q_k \frac{\partial H}{\partial q_k}} = \frac{\Phi}{d\Phi/dE} = \frac{1}{\frac{d}{dE}\ln \Phi/\Phi_0}. \tag{6}$$

Die Größe Φ_0 in der zweiten Schreibweise bedeutet hier eine beliebige Konstante derselben Größenart wie Φ, welche dafür sorgt, daß unter dem Logarithmus eine Zahl steht. Erst bei Berücksichtigung der Quantenmechanik wird Φ_0 einen bestimmten, physikalischen Sinn erhalten.

Die Eigenschaft des Mittelwertes (3), für alle Koordinaten und Impulse aller Teile eines Körpers im thermodynamischen Gleichgewicht den gleichen Wert anzunehmen, ist das definierende Kennzeichen der Temperatur. Um zu sehen, wie diese Größe quantitativ mit T zusammenhängt, denken wir uns den betrachteten Körper zur Temperaturmessung mit einem Gasthermometer verbunden. Sind p_1, p_2, p_3 die rechtwinkligen Komponenten des Impulses $m_0\boldsymbol{v}$ eines der Moleküle des Thermometergases, so ist

$$\varepsilon_{\text{kin}} = \frac{1}{2m_0}(p_1^2 + p_2^2 + p_3^2) \tag{7}$$

gleich der kinetischen Energie der Translationsbewegung dieses Moleküls. Die Hamiltonfunktion hat dann die Gestalt

$$H = \varepsilon_{\text{kin}} + \text{Summanden, die von } p_1, p_2 \text{ und } p_3 \text{ unabhängig sind.} \tag{8}$$

Daher gilt

$$\overline{\varepsilon_{\text{kin}}} = \frac{1}{2}\left(\overline{p_1 \frac{\partial H}{\partial p_1}} + \overline{p_2 \frac{\partial H}{\partial p_2}} + \overline{p_3 \frac{\partial H}{\partial p_3}}\right) = \frac{3}{2}\,\overline{p_j \frac{\partial H}{\partial p_j}}. \tag{9}$$

Nach (§ 3; 6) ist aber $\overline{\varepsilon_{\text{kin}}} = \frac{3}{2} kT$. Daher gilt

$$\overline{p_j \frac{\partial H}{\partial p_j}} = kT \quad \text{oder} \quad \frac{1}{\Phi}\frac{d\Phi}{dE} = \frac{d}{dE}\ln \Phi/\Phi_0 = \frac{1}{kT}. \tag{10}$$

Damit haben wir zum erstenmal eine statistische Größe, nämlich $\Phi(E)$, mit einer thermodynamischen Größe, der

Temperatur T, verknüpft. Im letzten Teil dieses Buches werden wir weitere solche Beziehungen ableiten.

Aus obigen Rechnungen folgt sofort der folgende allgemeine Satz: Wenn die Hamiltonfunktion eines Körpers eine Summe aus f Quadraten irgendwelcher Koordinaten und Impulse ist, also die Form

$$H = \sum_{j=1}^{f} \frac{\alpha_j}{2} x_j^2 \; (x_j = \text{Koordinate } q_k \text{ oder Impuls } p_k) \tag{11}$$

besitzt, so hat im thermodynamischen Gleichgewicht jeder Summand im Mittel den gleichen Wert von $kT/2$. Also erhält man für seine innere Energie

$$U = \overline{H} = \frac{f}{2} kT. \tag{12}$$

Dabei dürfen in (11) die Koeffizienten α_j noch Funktionen derjenigen Koordinaten und Impulse sein, die unter den x_j nicht vorkommen. f nennt man in diesem Fall oft die Zahl der Freiheitsgrade. Besteht der Körper aus N gleichen Atomen oder Molekülen mit der Masse m_0, so erhält man wegen $m = Nm_0$ für die spezifische Wärme

$$c_v = \frac{1}{m}\frac{dU}{dT} = \frac{fk}{2Nm_0} = \frac{f}{N} \cdot \frac{R}{2}. \tag{13}$$

Die spezifische Wärme c_v ist in diesem Fall gleich $R/2$ mal der Zahl der Freiheitsgrade f/N pro Molekül.

Drei Beispiele dafür sind besonders wichtig.

1. Das ideale, einatomige Gas. Bei ihm liefert jedes Atom zur Hamiltonfunktion nur einen Beitrag der Gestalt (7). Also ist die Zahl der Freiheitsgrade pro Atom $f/N = 3$ und daher $U = 3NkT/2$, $c_v = 3R/2$ (vgl. § 3).

2. Das zweiatomige Gas mit starren Molekülen. Sind x_j, y_j, z_j die rechtwinkligen Schwerpunktskoordinaten des j-ten Moleküls und ϑ_j und φ_j die Polarkoordinatenwinkel der Verbindungslinie der beiden punktförmig angenommenen

Atome, so beträgt die kinetische Energie seiner Translations- und Rotationsbewegung

$$\varepsilon_j = \frac{m_0}{2}(\dot{x}_j^2 + \dot{y}_j^2 + \dot{z}_j^2) + \frac{I}{2}(\dot{\vartheta}_j^2 + \sin^2\vartheta_j\dot{\varphi}_j^2) \tag{14}$$

(I = Trägheitsmoment für eine Drehachse senkrecht zur Atomverbindungsachse durch den Schwerpunkt). Nach Einführung der Impulse

$$p_{xj} = m_0\dot{x}_j,\ p_{yj} = m_0\dot{y}_j,\ p_{zj} = m_0\dot{z}_j,$$

$$p_{\vartheta j} = \frac{\partial\varepsilon_j}{\partial\dot{\vartheta}_j} = I\dot{\vartheta}_j \quad \text{und} \quad p_{\varphi j} = \frac{\partial\varepsilon_j}{\partial\dot{\varphi}_j} = I\sin^2\vartheta_j\dot{\varphi}_j$$

erhält man

$$\varepsilon_j = \frac{1}{2m_0}(p_{xj}^2 + p_{yj}^2 + p_{zj}^2) + \frac{1}{2I}\left(p_{\vartheta j}^2 + \frac{1}{\sin^2\vartheta_j}p_{\varphi j}^2\right), \tag{15}$$

also $f/N = 5$; $U = 5NkT/2$, $c_v = 5R/2$ und wegen $c_p - c_v = R$ schließlich $c_p = 7R/2$ und $\gamma = c_p/c_v = 1{,}40$, in guter Übereinstimmung mit den meisten der auf S. 13 aufgeführten Meßergebnissen. Unklar bleibt hiernach nur, warum die Schwingungen der Atome gegeneinander keinen Beitrag zu U und c_v liefern, obwohl doch die Moleküle in Wirklichkeit nicht starr sind, und warum die Rotation um die Atomverbindungsachse nicht bemerkbar ist, obwohl doch die Atome in Wirklichkeit nicht punktförmig sind. Darauf kommen wir in §§ 12 und 21 zurück.

3. Der lineare, harmonische Oszillator. Ist D die Direktionskraft und x die Auslenkung aus der Ruhelage, so erhält man mit $p = m_0\dot{x}$ für die Gesamtenergie den Ausdruck

$$\varepsilon = \frac{m_0}{2}\dot{x}^2 + \frac{D}{2}x^2 = \frac{1}{2m_0}p^2 + \frac{D}{2}x^2. \tag{16}$$

Die Zahl der Freiheitsgrade des Oszillators ist $f/N = 2$, also

$$\bar{\varepsilon} = kT. \tag{17}$$

In einem Festkörper aus N gleichen Atomen kann die Schwingungsbewegung aller Atome um ihre Gleichgewichtslagen als Überlagerung von $3N$ harmonischen Schwingungen dargestellt werden. Also erwartet man für den Energieinhalt dieser Bewegung

$$U = 3NkT \text{ und } c_v = 3R \approx 6 \frac{\text{cal}}{\text{Grad} \cdot \text{Grammatom}} . \qquad (18)$$

(1 Grammatom = A Gramm, A = Atomgewicht).

Die letzte Formel (18) bezeichnet man nach ihren Entdeckern als das Dulong-Petitsche Gesetz. Es ist bei vielen Festkörpern bei Zimmertemperatur angenähert erfüllt, nicht jedoch bei tiefen Temperaturen. Man beobachtet experimentell ein Absinken von c_v mit abnehmender Temperatur bis auf den Wert null im Limes $T \to 0$. Darin steckt, wie wir noch sehen werden, ein Einfluß der Quantenmechanik.

§ 9. Die kanonische Gesamtheit

Wir betrachten jetzt einen Körper K, der mit einem anderen, sehr viel größeren Körper, dem sogenannten Thermostaten, in Wechselwirkung steht. Dann kann sich die Energie von K auf Kosten der Energie des Thermostaten relativ sehr stark ändern, ohne daß sich die mittlere Energie der Moleküle des Thermostaten merklich ändert. Deshalb bleiben dabei alle spezifischen Größen des Thermostaten und daher auch seine Temperatur praktisch konstant, und das soll der Name Thermostat gerade zum Ausdruck bringen. Damit wir die Ergebnisse von § 7 anwenden können, nehmen wir an, daß der Körper K und der Thermostat zusammen gegen die Umgebung energetisch isoliert sind, so daß die Energie E von beiden zusammen konstant bleibt. Die Wechselwirkungsenergie zwischen K und dem Thermostaten sei noch sehr klein gegenüber der Energie ε von K allein.

Wenn daher K einen Zustand mit der Energie ε annimmt, hat der Thermostat die Energie $E - \varepsilon$. Die Koordinaten und Impulse von K wollen wir mit q_k, p_k bezeichnen ($k = 1, 2, \ldots, n$), diejenigen des Thermostaten mit Q_j, P_j ($j = 1, 2, \ldots, N$). Natürlich ist die Zahl N der letzteren viel größer als n.

Wir berechnen nun den Mittelwert irgendeiner Größe $f(p_k, q_k)$, die nur von den Koordinaten und Impulsen von K abhängt. Dafür gilt nach (§ 7; 10)

$$\bar{f} = \frac{\frac{d}{dE} \int\limits_{E=-\infty}^{E} \cdot \cdot \int f(p_k, q_k)\, dp_1 \ldots dq_n\, dP_1 \ldots dQ_N}{\frac{d}{dE} \int\limits_{E=-\infty}^{E} \cdot \cdot \int dp_1 \ldots dq_n\, dP_1 \ldots dQ_N}. \tag{1}$$

In diesen Integralen kann man zunächst über alle Q_j und P_j bei festen p_k und q_k integrieren. Es sei $\Phi(E)$ das Phasenvolumen des Thermostaten allein, also die Größe

$$\Phi(E) = \int\limits_{E=-\infty}^{E} dP_1 \ldots dQ_N, \tag{2}$$

wobei über alle Koordinaten und Impulse des Thermostaten integriert wird, für welche seine Energie allein $\leqq E$ ist. Ist $\varepsilon\,(p_k, q_k)$ die Energie von K, so sind die P_j und Q_j in (1) in Zähler und Nenner über alle Werte bis zur Energie $E - \varepsilon$ des Thermostaten zu integrieren. Daher erhält man

$$\bar{f} = \frac{\frac{d}{dE} \int\limits_{p_k, q_k} \cdot \cdot \int f(p_k, q_k)\, \Phi(E-\varepsilon)\, dp_1 \ldots dq_n}{\frac{d}{dE} \int\limits_{p_k, q_k} \cdot \cdot \int \Phi(E-\varepsilon)\, dp_1 \ldots dq_n}. \tag{3}$$

Da $\varepsilon \ll E$ ist, ist man versucht, $\Phi(E - \varepsilon)$ nach Potenzen von ε zu entwickeln und die nach dem ersten Glied abgebrochene Reihe als Näherung zu benutzen:

$$\Phi(E - \varepsilon) \approx \Phi(E) - \varepsilon \frac{d\Phi}{dE}. \tag{4}$$

Das ist aber eine völlig unbrauchbare Formel. Denn nach (§ 8; 10) ist $d\Phi/dE = \Phi/kT$. Wenn K nun ein Körper mit nur 1000 Atomen ist, beträgt seine Energie ε nach § 8 im

Mittel bereits größenordnungsmäßig $1000\,kT$; d. h. der zweite Summand in (4) ist dann rund 1000 mal größer als der erste. Ebenso findet man, daß das nächste, in (4) bereits fortgelassene Glied in diesem Beispiel noch 500 mal größer wäre als das letzte hingeschriebene Glied. Die Potenzreihe für $\Phi(E-\varepsilon)$ konvergiert zwar, aber beim Fortlassen der höheren Glieder erhält man selbst im Fall $\varepsilon \ll E$ in der Regel keine brauchbare Näherungsformel.

Das ändert sich aber sofort, wenn man

$$\Phi(E-\varepsilon) = \Phi_0 e^{\ln \Phi/\Phi_0} \tag{5}$$

schreibt und nun den Exponenten entwickelt:

$$\ln \frac{\Phi(E-\varepsilon)}{\Phi_0} = \ln \frac{\Phi(E)}{\Phi_0} - \varepsilon \frac{1}{\Phi} \frac{d\Phi}{dE} + \ldots \tag{6}$$

Hier kann man die höheren Glieder vernachlässigen. Nimmt man etwa an, daß der Thermostat dieselben Eigenschaften hat wie die im vorigen Paragraphen als Beispiele betrachteten Körper, so gilt für ihn

$$E = \alpha N k T \tag{7}$$

(N = Atomzahl, α ein Zahlenfaktor) und daher wegen (§ 8; 10)

$$\frac{1}{\Phi} \frac{d\Phi}{dE} = \frac{1}{kT} = \frac{\alpha N}{E}. \tag{8}$$

Das nächste Glied der Entwicklung (6) lautet daher

$$\frac{\varepsilon^2}{2} \frac{d}{dE} \left(\frac{1}{\Phi} \frac{d\Phi}{dE} \right) = -\frac{\varepsilon^2}{2} \frac{\alpha N}{E^2} = -\frac{\varepsilon}{kT} \cdot \frac{\varepsilon}{2E}, \tag{9}$$

und das ist im Fall $\varepsilon \ll E$ sehr klein gegen den letzten, in (6) noch angegebenen Summanden ε/kT. Mit (6) und (8) lautet (5)

$$\Phi(E-\varepsilon) = \Phi(E)\, e^{-\frac{\varepsilon}{kT}}. \tag{10}$$

Setzt man das in (3) ein und beachtet, daß $\Phi(E)$ von den p_k und q_k nicht mehr abhängt, so ergibt sich

$$\bar{f} = \frac{\dfrac{d}{dE}\left\{\Phi(E)\displaystyle\iint\limits_{p_k, q_k} f(p_k, q_k)\, e^{-\varepsilon/kT}\, dp_1 \ldots dq_n\right\}}{\dfrac{d}{dE}\left\{\Phi(E)\displaystyle\iint\limits_{p_k, q_k} e^{-\varepsilon/kT}\, dp_1 \ldots dq_n\right\}}. \tag{11}$$

Bei der Differentiation nach E kann man vernachlässigen, daß in den Integralen $1/kT$ nach (8) eine Funktion von E ist, denn die Ableitung nach dem darin implizit enthaltenen E liefert einen Summanden, der größenordnungsmäßig um den Faktor $\varepsilon/E \ll 1$ kleiner ist als der Summand, den man bei der Differentiation von $\Phi(E)$ erhält. Daher erhält man schließlich

$$\bar{f} = \frac{\displaystyle\iint\limits_{p_k, q_k} f(p_k, q_k)\, e^{-\varepsilon/kT}\, dp_1 \ldots dq_n}{\displaystyle\iint\limits_{p_k, q_k} e^{-\varepsilon/kT}\, dp_1 \ldots dq_n}. \tag{12}$$

Eine Verteilung von Punkten im Γ-Raum des Körpers K, deren Dichte proportional ist zu $e^{-\varepsilon/kT}$, nennt man nach Gibbs eine kanonische Gesamtheit. Das Resultat (12) unserer Rechnung kann man deshalb auch in folgender Form aussprechen: *Der Mittelwert irgendeiner Zustandsgröße $f(p_k, q_k)$ eines Körpers, der in Kontakt mit einem Thermostaten der Temperatur T steht, ist im thermodynamischen Gleichgewicht gleich dem Mittelwert über eine kanonische Gesamtheit von Punkten in seinem Γ-Raum.*

Dieser Satz ist vielfacher Anwendungen fähig. Will man z. B. danach die mittlere Energie ε berechnen, so ist in (12) f durch ε zu ersetzen. Dann ist aber der Zähler gleich kT^2 mal der Ableitung des Nenners nach T. Man führt hier zweckmäßig eine Konstante φ_0 von derselben Größenart wie das Phasenvolumen von K ein und statt des Nenners in (12) die Zahl

$$Z = \frac{1}{\varphi_0}\iint\limits_{p_k, q_k} e^{-\varepsilon/kT}\, dp_1 \ldots dq_n. \tag{13}$$

Mit dieser Größe Z, welche als das Zustandsintegral bezeichnet wird, erhält man

$$\bar{\varepsilon} = \frac{1}{Z} \cdot \frac{1}{\varphi_0} \int\limits_{p_k, q_k} \int \varepsilon \, e^{-\varepsilon/kT} dp_1 \ldots dq_n = k T^2 \frac{d}{dT} \ln Z. \quad (14)$$

Zur Bestimmung der mittleren Energie genügt es also, das Zustandsintegral Z in Abhängigkeit von T zu kennen. Auf die Größe φ_0 kommt es dabei nicht an. Wir werden später (§ 11) darüber passend verfügen. Wir werden nachher auch sehen, daß sich sehr viele Größen ähnlich wie $\bar{\varepsilon}$ durch Ableitungen von $\ln Z$ ausdrücken lassen.

Bei allen diesen Anwendungen ist jedoch die Beachtung einiger Voraussetzungen wichtig, welche bei der Ableitung implizit gemacht wurden. Der Körper K darf von dem Thermostaten nur Energie aufnehmen oder an ihn abgeben, dagegen keine Materie. Ein Übergang eines Teilchens von K an den Thermostaten hätte bei der hier vorausgesetzten Gültigkeit der Gesetze der klassischen Mechanik eine Änderung der Zahl n der Koordinaten von K zur Folge, und das wurde oben ausgeschlossen. Ferner darf die Hamiltonfunktion $\varepsilon(p_k, q_k)$ von K keine von dem Zustand des Thermostaten abhängigen Parameter enthalten. Wenn z. B. K aus einem Gas besteht und der Thermostat unter anderem aus dem Gefäß, in welches das Gas eingeschlossen ist, so muß das Volumen dieses Gefäßes konstant sein. Bei Benutzung der Ausdrucksweise der Thermodynamik ist diese Bedingung gleichwertig mit der folgenden: Der Thermostat darf an dem Körper K keine Arbeit leisten, sondern darf mit ihm nur Wärme austauschen, bzw. er darf ihm Energie nicht durch Änderung makroskopischer Variablen zuführen oder entnehmen, sondern nur durch die makroskopisch unsichtbare Bewegung einzelner Atome und Moleküle, welche die durch die Hamiltonfunktion $\varepsilon(p_k, q_k)$ bestimmte Bewegung von K nur unwesentlich stört. Man kann die obigen Überlegungen so abändern, daß diese Bedingungen fortfallen. Dann aber sind die Mittelungen über andere Gesamtheiten auszuführen. Darauf kann hier aus Platzmangel nicht eingegangen werden.

§ 10. Die barometrische Höhenformel

Als Anwendungsbeispiel für eine kanonische Gesamtheit soll hier die Verteilung von frei beweglichen Teilchen im Schwerefeld betrachtet werden. Ist $\boldsymbol{r}$ der Ortsvektor des Schwerpunktes eines Teilchens und $V(\boldsymbol{r})$ die potentielle Energie des Schwerefeldes, so hat die Hamiltonfunktion die Form

$$\varepsilon(p_j, q_j) = V(\boldsymbol{r}) + H_i(p_j, q_j). \tag{1}$$

Darin ist H_i ein Anteil der Hamiltonfunktion, der nur von inneren Variablen abhängig ist, sich also bei einer Parallelverschiebung aller Teile des Körpers nicht ändert. Nun berechnen wir die Wahrscheinlichkeit, den Schwerpunkt dieses Teilchens in einem Volumen dv zu finden, und zwar im thermodynamischen Gleichgewicht mit den Körpern der Umgebung, welche dabei die Rolle des Thermostaten spielen. Diese Wahrscheinlichkeit ist der Mittelwert der Funktion $f(\boldsymbol{r})$, welche in dv gleich 1 ist und sonst null. Sie ist unabhängig von den inneren Variablen. Da $e^{-\varepsilon/kT}$ ein Produkt aus $e^{-V(\boldsymbol{r})/kT}$ und einem nur von den inneren Variablen abhängigen Faktor ist, läßt sich in diesem Falle jedes der Integrale im Zähler und Nenner von (§ 9; 12) in ein Produkt aus einem Integral über $\boldsymbol{r}$ und einem Integral über die inneren Variablen zerlegen, von denen das letztere sich heraushebt. Also erhält man für die gesuchte Wahrscheinlichkeit

$$dW = \frac{e^{-\frac{V(r)}{kT}}\,dv}{\int\limits_{-\infty}^{+\infty} e^{-\frac{V(r)}{kT}}\,dv}. \tag{2}$$

Sind sehr viele gleichartige Teilchen vorhanden, so ist ihre Anzahl dN im Volumen dv im Mittel gleich dW mal der Gesamtzahl N_0 der Teilchen. Faßt man die von $\boldsymbol{r}$ unabhängigen Faktoren zu einer Konstante n_0 zusammen, so erhält man für die Teilchenzahldichte $n = dN/dv$ die Formel

$$n = n_0 e^{-\frac{V(\boldsymbol{r})}{kT}} . \tag{3}$$

n_0 bedeutet offenbar die Teilchenzahldichte an der Stelle, wo $V(\boldsymbol{r}) = 0$ ist. In der Nähe der Erdoberfläche, wo die Schwerebeschleunigung $\boldsymbol{g}$ praktisch ortsunabhängig ist, hat $V(\boldsymbol{r})$ für Teilchen der Masse m_0 den Wert $V(\boldsymbol{r}) = m_0 g z$ (z = Ortskoordinate vertikal, nach oben positiv). Dann gilt

$$n = n_0 e^{-\frac{m_0 g z}{kT}} . \tag{4}$$

Das ist die barometrische Höhenformel für die isotherme Dichteverteilung eines Gases im Schwerefeld. Man kann sie auch leicht ohne Benutzung der statistischen Mechanik aus den Formeln des mechanischen Gleichgewichts ableiten. Sie folgt aus der Bedingung, daß an der Oberfläche eines kleinen Volumens die aus den Druckdifferenzen resultierende Kraft entgegengesetzt gleich der Schwerkraft sein muß.

Die obige Ableitung liefert darüber hinaus die Einsicht, daß diese Formel nicht nur für die Moleküle eines Gases gilt, sondern auch für die Verteilung der Lage der Schwerpunkte aller frei beweglichen Körper. Aus (2) ergibt sich auch die Wahrscheinlichkeit dafür, einen Ziegelstein infolge thermischer Schwankungen einmal in 1 m Höhe über dem Boden anzutreffen. Dafür erhält man etwa $10^{-10^{21}}$. Das ist eine unvorstellbar kleine Zahl. Die Wahrscheinlichkeit, daß ein dressierter Affe beim wahllosen Trommeln auf einer Schreibmaschine Goethes Faust fehlerlos aufschreibt, ist noch so viel größer, daß der Quotient dieser Wahrscheinlichkeiten als Dezimalbruch geschrieben noch fast ebenso lang ist wie die obige Zahl.

Man muß aber nicht zu unsichtbar kleinen Körpern heruntergehen, um zu erreichen, daß diese Wahrscheinlichkeit meßbare Werte annimmt. Perrin beobachtete Anfang dieses Jahrhunderts die Verteilung von Mastixkügelchen von etwa 2 μm Durchmesser, welche in Wasser aufgeschwemmt waren. Da der Auftrieb des Wassers in diesem Fall die

Schwerkraft weitgehend kompensiert, verteilen sich die Teilchen im Gleichgewicht über Höhen von etwa 100 μm. Durch Auszählen der Anzahl der Teilchen im Gesichtsfeld eines Mikroskops in verschiedenen Höhen konnte Perrin die exponentielle Abnahme (4) von n mit der Höhe bestätigen und den Koeffizienten im Exponenten neben z ermitteln. So konnte er k und wegen $L = R/k$ zugleich die Avogadrosche Konstante L bestimmen. Obwohl das Ergebnis aus unbekannten Gründen nicht sehr genau ausfiel, sind die Experimente doch berühmt geworden, weil sie wesentlich dazu beitrugen, die letzten Zweifel an der Richtigkeit der Atomvorstellung zu zerstreuen.

§ 11. Berücksichtigung der Quantenmechanik

Die klassischen Bewegungsgleichungen (§ 7; 1), von denen wir bisher ausgingen, sind für einzelne Elektronen, Atome und Atomkerne nicht gültig, sondern müssen durch die quantenmechanischen Gleichungen ersetzt werden. Eine ausführliche Behandlung der Quantenmechanik würde den Rahmen dieses Buches überschreiten. Für die statistische Mechanik sind jedoch nur einige wenige Aussagen der Quantenmechanik wesentlich, die hier ohne Beweis genannt werden sollen[1]).

Wenn man von dem praktisch niemals verwirklichten Sonderfall eines frei beweglichen Teilchens im unendlich ausgedehnten Raum absieht, gilt allgemein: Bei einer Messung der Energie E eines Körpers können nur gewisse diskrete Werte $E_1, E_2, \ldots E_j, \ldots$ als Meßergebnisse auftreten. Zu jedem dieser Werte E_j gehört eine ganze Zahl g_j von sogenannten stationären Zuständen, in welchen sich alle meßbaren Eigenschaften des Körpers zeitlich nicht ändern. g_j nennt man auch das statistische Gewicht des Zustands. Alle anderen Zustände, also insbesondere alle Zustände, in

[1]) Genauere Ausführungen findet man z. B. in: K. Bechert, Ch. Gerthsen, A. Flammersfeld: Atomphysik. Sammlung Göschen Bd. 1009, 1033, 1123/1123a 1165/1165a, 4. Aufl. Berlin 1959—1963. W. Döring: Einführung in die Quantenmechanik 3. Aufl. Göttingen 1962 oder in vielen anderen Werken.

denen sich irgendeine Eigenschaft des Körpers zeitlich ändert, kann man in der Quantenmechanik durch „Überlagerung“ stationärer Zustände erhalten. Solch eine Überlagerung gibt es klassisch nur bei Wellenbewegungen, nicht bei der Bewegung von Partikeln. Die Feststellung, daß alle Körper außer Korpuskeleigenschaften auch Welleneigenschaften haben, ist wohl die wichtigste Aussage der Quantenmechanik. In der statistischen Mechanik kann man sich deshalb auf die Betrachtung der stationären Zustände beschränken.

Der mittlere Abstand der Energiewerte E_j der stationären Zustände ist um so kleiner, je größer der betrachtete Körper ist. Die Gesamtzahl

$$P(E) = \sum_{E_j < E} g_j \tag{1}$$

der stationären Zustände mit Energien unterhalb E kann deshalb bei großen Körpern in guter Näherung durch eine differenzierbare Funktion von E ersetzt werden. Diese Funktion ist nach den Gesetzen der Quantenmechanik proportional dem Phasenvolumen $\Phi(E)$. Ist N die Zahl der Koordinaten des betrachteten Körpers, also $2N$ die Dimensionszahl des Γ-Raumes, so ist der Proportionalitätsfaktor gleich der N-ten Potenz der Planckschen Konstante h:

$$\Phi(E) = h^N P(E). \tag{2}$$

Es ist deshalb zweckmäßig, die in (§ 8; 6) offengelassene Konstante Φ_0 gleich h^N zu setzen:

$$\Phi(E) = \Phi_0 \cdot P(E), \quad \Phi_0 = h^N. \tag{3}$$

Das gilt allerdings nur, wenn der betrachtete Körper aus lauter verschiedenen Atomen oder Molekülen besteht oder wenn sich gleiche Atome nur in verschiedenen, räumlich getrennten Gebieten bewegen können, wie das in einem Kristallgitter der Fall ist. Wenn dagegen der betrachtete Körper aus einem Gas mit lauter gleichen Molekülen in demselben Volumen besteht, ist Φ_0 bei M gleichen Atomen um $M!$ größer. Darauf werden wir in § 18 und 19 zurückkommen.

Selbst wenn die Energie E eines makroskopischen Körpers sehr genau gemessen wird, liegen in dem Fehlerintervall δE noch ungeheuer viele quantenmechanisch mögliche Meßwerte E_j. In der klassischen Rechnung in § 7 haben wir das statistische Mittel bei einem Körper mit gegebener Energie dem Mittelwert über eine Punktverteilung im Γ-Raum mit konstanter Dichte zwischen den benachbarten Energiehyperflächen $H = E$ und $H = E + \delta E$ gleichgesetzt. Da gleichen Volumina im Γ-Raum gleich viele stationäre Zustände im Sinne der Quantenmechanik entsprechen, ist der gleiche Mittelwert bei Berücksichtigung der Gesetze der Quantenmechanik gleich dem Mittel über die stationären Zustände in dem kleinen Energieintervall δE. Wenn also die zu mittelnde Größe im Zustand mit der Energie E_j den Wert F_j besitzt, ist ihr Mittelwert

$$\overline{F} = \frac{\sum\limits_{E < E_j < E + \delta E} F_j g_j}{\sum\limits_{E < E_j < E + \delta E} g_i} . \tag{4}$$

Führt man nun für die Summe der F_j über alle stationären Zustände mit der Energie $E_j < E$ die Bezeichnung

$$\sum_{E_j < E} F_j g_j = \frac{J_F(E)}{\Phi_0} \tag{5}$$

ein, so erhält man

$$\overline{F} = \frac{J_F(E + \delta E) - J_F(E)}{\Phi_0(P(E + \delta E) - P(E))} = \frac{dJ_F(E)/dE}{\Phi_0 \, dP(E)/dE} . \tag{6}$$

Dabei ist natürlich in der zweiten Schreibweise die an den Stellen E_j unstetig springende Funktion $J_F(E)$ ebenso wie $P(E)$ in (2) durch eine in differenzierbarer Weise ausgeglichene Funktion zu ersetzen, was bei makroskopischen Körpern praktisch ohne Fehler möglich ist. Damit haben wir für den Mittelwert eine gleichartige Formel wie in (§ 7; 10) erhalten. In derselben Weise wie in (§ 8; 10) kann man dann die Temperatur T einführen durch

$$\frac{1}{kT} = \frac{d}{dE} \ln \frac{\Phi}{\Phi_0} = \frac{d}{dE} \ln P(E) . \tag{7}$$

Allerdings ist an dieser Formel nicht zu erkennen, daß diese Größe T wirklich die Eigenschaften der Temperatur besitzt, denn die Rechnungen am Anfang von § 8 lassen sich nicht ohne weiteres in die Quantenmechanik übertragen. Wir werden das aber sogleich als richtig erkennen, wenn wir nun, genauso wie in § 9, mit Hilfe von (4) den Mittelwert einer Größe f eines Körpers K berechnen, der mit einem Thermostaten von viel größerem Energieinhalt in thermischem Kontakt steht. Es seien $\varepsilon_1, \varepsilon_2, \ldots \varepsilon_j, \ldots$ die möglichen Meßwerte der Energie von K und g_j die zugehörigen statistischen Gewichte. E_l und G_l seien die entsprechenden Größen für den Thermostaten. Da jeder stationäre Zustand von K mit jedem solchen Zustand des Thermostaten zu einem stationären Zustand des ganzen Körpers kombiniert werden kann, ist das statistische Gewicht des ganzen Systems im Zustand mit der Energie $\varepsilon_j + E_l$ gleich $g_j G_l$. Ist $P(E)$ die durch (1) definierte Größe des Thermostaten allein, so erhält man

$$\bar{f} = \frac{\sum\limits_{l} \sum\limits_{j=1}^{\infty} {}_{E < E_l + \varepsilon_j < E + \delta E} f_j g_j G_l}{\sum\limits_{l} \sum\limits_{j=1}^{\infty} {}_{E < E_l + \varepsilon_j < E + \delta E} g_j G_l} = \frac{\sum\limits_j f_j g_j [P(E + \delta E - \varepsilon_j) - P(E - \varepsilon_j)]}{\sum\limits_j g_j [P(E + \delta E - \varepsilon_j) - P(E - \varepsilon_j)]} \tag{8}$$

Wegen (2) folgt weiter:

$$\bar{f} = \frac{\frac{d}{dE}\left\{\sum\limits_j f_j g_j \Phi(E - \varepsilon_j)\right\}}{\frac{d}{dE}\left\{\sum\limits_j g_j \Phi(E - \varepsilon_j)\right\}}. \tag{9}$$

Daraus ergibt sich mit (§ 9; 10) nach derselben Umformung wie dort

$$\bar{f} = \frac{\sum\limits_j f_j g_j e^{-\varepsilon_j/kT}}{\sum\limits_j g_j e^{-\varepsilon_j/kT}}. \tag{10}$$

Das ist das quantenmechanische Analogon zu (§ 9; 12).

Den Nenner in diesem Ausdruck bezeichnet man als die Zustandssumme

$$Z = \sum_j g_j\, e^{-\varepsilon_j/kT}\,. \qquad (11)$$

Wenn die Temperatur so groß ist, daß innerhalb jedes Energieintervalles der Breite kT viele mögliche Energiewerte ε_j liegen, ist diese Summe mit dem Integral (§ 9; 13) identisch, sofern man dort φ_0 gleich dem Phasenvolumen setzt, welches im Mittel auf jeden quantenmechanisch möglichen Zustand entfällt, also bei n Koordinaten gleich h^n. Bei einem einatomigen Gas, bei welchem ε_j die möglichen Werte der Translationsenergie eines Atoms annimmt, ist obige Bedingung stets erfüllt. Daher brauchen wir auch nicht mehr nachzurechnen, daß der in (10) vorkommende Parameter T mit der durch das Gasthermometer definierten Temperatur T identisch ist. Denn wenn man in (10) f gleich der Energie ε setzt, ergibt sich daraus wieder die Formel (§ 9; 14)

$$\bar{\varepsilon} = kT^2 \frac{d}{dT} \ln Z\,. \qquad (12)$$

Wenn aber Z mit dem Integral (§ 9; 13) gleichgesetzt werden kann, folgt daraus ebenso wie aus der früheren klassischen Rechnung, daß $\bar{\varepsilon}$ bei einem einatomigen Gas gleich $3kT/2$ ist.

§ 12. Der lineare harmonische Oszillator

Als Anwendungsbeispiel für die Überlegungen des vorigen Paragraphen soll jetzt die mittlere Energie eines linearen harmonischen Oszillators im Kontakt mit einem Thermostaten der Temperatur T berechnet werden. Wählt man als Nullpunkt der Energie den Wert der potentiellen Energie in der Ruhelage, so betragen die Energiewerte ε_n der stationären Zustände nach der Quantenmechanik

$$\varepsilon_n = (n + 1/2)\, h\, \nu_0\,. \quad (n = 0, 1, 2, \ldots)\,. \qquad (1)$$

Darin bedeutet ν_0 die Frequenz des Oszillators nach der Rechnung der klassischen Mechanik. Das statistische Gewicht g_n jedes Zustands ist nach der Quantenmechanik gleich 1.

Die Zustandssumme lautet also nach (§ 11; 11)

$$Z = \sum_{n=0}^{\infty} e^{-(n+1/2)h\nu_0/kT}. \tag{2}$$

Das ist eine geometrische Reihe mit der Summe

$$Z = \frac{\exp\left(-\frac{h\nu_0}{2kT}\right)}{1-\exp\left(-\frac{h\nu_0}{kT}\right)} = \frac{1}{2\sinh\frac{h\nu_0}{2kT}}. \tag{3}$$

Nach (§ 11; 12) erhält man also für die mittlere Energie

$$\bar{\varepsilon} = \frac{h\nu_0}{2} + \frac{h\nu_0}{\exp\frac{h\nu_0}{kT}-1}. \tag{4}$$

Diese Formel hat bereits Planck 1900 aus dem Verhalten der Hohlraumstrahlung erschlossen, allerdings ohne den konstanten Summanden der Nullpunktsenergie $h\nu_0/2$. Sein Vorhandensein bemerkt man selten, weil meist nur die Energiedifferenzen $\varepsilon_n - \varepsilon_m$ beobachtet werden,.

Bei hohen Temperaturen, wenn $h\nu_0/kT \ll 1$ ist, erhält man durch Entwicklung nach Potenzen von $h\nu_0/kT$

$$\bar{\varepsilon} = kT + \frac{h\nu_0}{12}\cdot\frac{h\nu_0}{kT} + \dots \tag{5}$$

Bei Vernachlässigung der Summanden prop. $h\nu_0/kT$ erhält man also wiederum das klassische Ergebnis (§ 8; 17). Mit abnehmender Temperatur weicht $\bar{\varepsilon}$ von dem in T linearen Verlauf $\bar{\varepsilon} = kT$ nach oben ab. Im Bereich $h\nu_0/kT \gg 1$ mündet $\bar{\varepsilon}$ exponentiell in den konstanten Wert der Nullpunktsenergie $h\nu_0/2$ ein. Die Ableitung von $\bar{\varepsilon}$ nach T ist also bei hohen Temperaturen konstant gleich k und sinkt bei tiefen Temperaturen exponentiell auf null.

Damit ist qualitativ auch klar, warum bei den Molekülen H_2, N_2 und O_2 bei Zimmertemperatur kein Beitrag der Molekülschwingungen zur spezifischen Wärme bemerkbar ist. Bei ihnen ist bei Zimmertemperatur $h\nu_0$ wesentlich größer als kT. Bei dem Molekül Cl_2 ist dagegen wegen seiner kleineren Schwingungsfrequenz ν_0 der Einfluß der Schwingungen schon bemerkbar (vgl. S. 13).

Bei der quantitativen Berechnung des Schwingungsanteils der spez. Wärme zweiatomiger Moleküle pflegt man eine charakteristische Temperatur

$$\Theta = h\nu_0/k \tag{6}$$

einzuführen. Der Beitrag U_s der Schwingungen zur inneren Energie minus der Nullpunktsenergie U_0 ist dann bei einem Gas mit N Molekülen gegeben durch

$$U_s - U_0 = \frac{Nk\Theta}{e^{\Theta/T} - 1}. \tag{7}$$

Die Formel für den davon herrührenden Anteil c_s der spez. Wärme lautet dann wegen $Nk/m = R$

$$c_s = \frac{1}{m}\frac{dU_s}{dT} = R \cdot \left(\frac{\Theta}{T}\right)^2 \frac{\exp \Theta/T}{(\exp \Theta/T - 1)^2}. \tag{8}$$

Abb. 8 zeigt den nach dieser Formel berechneten Verlauf von $c_s/R = \frac{1}{k}\frac{d\bar{\varepsilon}}{dT}$ als Funktion von T/Θ. Bei komplizierten Molekülen tritt statt dessen eine Summe von Ausdrücken obiger Gestalt auf mit verschiedenen Werten der charakter-

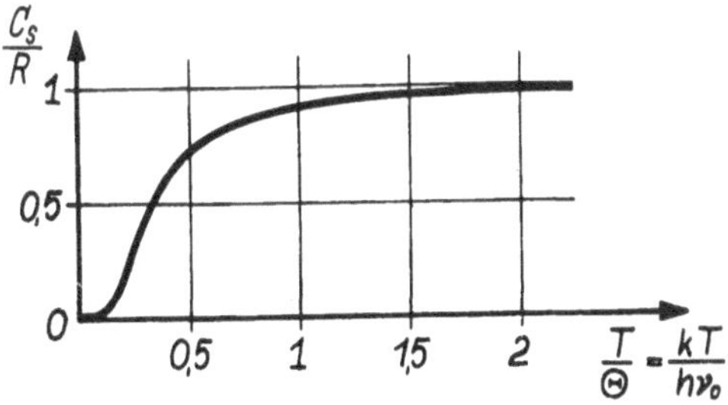

Abb. 8. Der Beitrag c_s einer harmonischen Schwingung eines Moleküls zur spezifischen Wärme (dividiert durch R) in Abhängigkeit von der Temperatur T (dividiert durch Θ).

istischen Temperatur für die verschiedenen Eigenschwingungen. Erstrebt man höchste Genauigkeit, so muß man näherungsweise auch die Abweichungen von der Gleichung (1) infolge der Anharmonizität der Schwingungen berücksichtigen.

Qualitativ gilt (8) auch für die spezifische Wärme eines chemischen Elements in festem Zustand. Nur ist zu beachten, daß jedes Atom im Gitter in drei aufeinander senkrechten Richtungen schwingen kann. Wenn man kubische Symmetrie voraussetzt und die Bewegungen aller Atome als unabhängig voneinander annimmt, sind alle $3N$ Eigenschwingungen gleich. Dann ergibt sich, bis auf einen Faktor 3 davor, wieder die obige Formel. Durch diese Rechnung gab Einstein 1907 zum erstenmal eine qualitative Deutung der Tatsache, daß die spezifische Wärme von festen Körpern bei tiefen Temperaturen auf null absinkt. Bei Zimmertemperatur ist bei Festkörpern meist $T \gg \Theta$, und daher gilt dort in der Regel angenähert bereits das Dulong-Petitsche Gesetz $c_v = 3R$ (vgl. § 8; 18).

§ 13. Die Debyesche Theorie der spezifischen Wärme der Festkörper

Zur exakten Berechnung der spezifischen Wärme eines Festkörpers mit N gleichen Atomen ist es notwendig, die Kopplung der Bewegungen benachbarter Atome zu berücksichtigen. Sie bewirkt, daß die $3N$ Eigenschwingungen nicht mehr alle gleich sind. Wenn die Kräfte zwischen den Atomen bekannt sind, kann man, wenn auch etwas mühevoll, das gesamte Spektrum der Eigenfrequenzen berechnen (Born und v. Karman, 1913) und daraus theoretisch exakt die spezifische Wärme in Abhängigkeit von der Temperatur ermitteln. Für einige Elemente (Ag, Li, W) sind in letzter Zeit solche Berechnungen ausgeführt worden. Debye zeigte jedoch bereits 1912, daß für die Berechnung der spez. Wärme schon eine verhältnismäßig rohe Betrachtung über die Verteilung der Eigenfrequenzen zu brauchbaren Ergebnissen führt.

Bei den Eigenschwingungen mit sehr kleinen Frequenzen schwingen benachbarte Atome nahezu in gleicher Phase. Bei ihrer Berechnung kann man daher den Körper angenähert so wie in der Elastomechanik als Kontinuum behandeln. Die genaue Lage der Eigenschwingungen hängt zwar von der Gestalt des Körpers und den Randbedingungen an seiner Oberfläche ab, nicht aber die Anzahl $\omega(\nu)\Delta\nu$ der Eigenschwingungen in einem kleinen Intervall $\Delta\nu$, dessen Ausdehnung groß gegen den Frequenzabstand der einzelnen Eigenschwingungen ist. Man kann deshalb bei der Berechnung von $\omega(\nu)$ die einfache Annahme machen, daß der betrachtete Körper die Gestalt eines Quaders mit den Kantenlängen a, b, c hat und an seiner Oberfläche lückenlos an weitere, gleichartige Quader grenzt, die genauso schwingen. Die gesamte Schwingungsbewegung ist dann räumlich periodisch mit den Wellenlängen a, b, c in x-, y- und z-Richtung. Wir werden gleich zeigen, daß die daraus folgende Dichte $\omega(\nu)$ der Eigenfrequenzen eines Kontinuums proportional ν^2 ist.

Die Formel $\omega(\nu) \sim \nu^2$ gilt für ein Gitter nur für kleine ν. Debye extrapolierte nun diesen Verlauf einfach zu höheren Frequenzen und brach ihn ab, sobald die richtige Gesamtzahl von $3N$ Eigenschwingungen erreicht war. Das liefert bei sehr tiefen Temperaturen sicher richtige Werte für c_v, weil dort wegen $h\nu \gg kT$ die hohen Eigenfrequenzen keinen Beitrag zu c_v liefern. Bei hohen Temperaturen liefert es auch das richtige c_v, weil dort die Formel der klassischen Statistik gilt, bei der es nur auf die Gesamtzahl der Eigenfrequenzen ankommt. Im Zwischenbereich liefert der Debyesche Ansatz vermutlich eine brauchbare Interpolation.

In einem unendlich ausgedehnten Medium kann man jede Schwingung als Überlagerung von fortschreitenden Wellen darstellen. Jede Komponente u der Auslenkung ist dann gleich einer Summe von Ausdrücken der Gestalt

$$u = \operatorname{Re}\left\{A e^{i[\boldsymbol{k}\cdot\boldsymbol{r} - \omega t]}\right\}. \tag{1}$$

Der Ausbreitungsvektor $\boldsymbol{k}$ mit den Komponenten k_x, k_y, k_z liegt in Fortschreitungsrichtung und hat den Betrag

$|\mathfrak{k}| = 2\pi/\lambda$ (λ = Wellenlänge). Wenn u dreifach periodisch mit den Periodenlängen a, b, c sein soll, muß

$$k_x = \frac{2\pi}{a} n_x, \quad k_y = \frac{2\pi}{b} n_y, \quad k_z = \frac{2\pi}{c} n_z \tag{2}$$

gelten mit ganzzahligen n_x, n_y, n_z. Die Endpunkte der möglichen $\mathfrak{k}$-Vektoren bilden also im $\mathfrak{k}$-Raum ein rhombisches Gitter mit den Gitterkonstanten $\frac{2\pi}{a}, \frac{2\pi}{b}, \frac{2\pi}{c}$. In einem isotropen Medium kann jede elastische Welle mit gegebenem $\mathfrak{k}$-Vektor in drei Wellen verschiedener Schwingungsform zerlegt werden. Von denen liegt bei der einen die Auslenkung longitudinal, also in Richtung von $\mathfrak{k}$, und bei den anderen beiden transversal, also in zwei zueinander senkrechten Richtungen senkrecht zu $\mathfrak{k}$. Die Ausbreitungsgeschwindigkeiten c_l und c_t der longitudinalen und transversalen Wellen sind verschieden. Bei gleichem $\mathfrak{k}$ sind also auch die zugehörigen Frequenzen $\nu = \frac{c}{\lambda} = \frac{c\,|\mathfrak{k}|}{2\pi}$ verschieden. Die Zahl $G_l(\nu)$ der longitudinalen Schwingungen mit einer Frequenz kleiner als ν ist gleich der Zahl der möglichen Endpunkte von $\mathfrak{k}$-Vektoren innerhalb einer Kugel um den Ursprung im $\mathfrak{k}$-Raum mit dem Radius $|\mathfrak{k}| = \frac{2\pi\nu}{c_l}$. Ein solcher Punkt entfällt immer auf das Volumen $\frac{(2\pi)^3}{abc}$. Das ganze Kugelvolumen beträgt $\frac{4\pi}{3} \cdot \left(\frac{2\pi\nu}{c_l}\right)^3$. Also ergibt sich

$$G_l(\nu) = \frac{4\pi}{3} \frac{abc}{c_l^3} \nu^3. \tag{3}$$

Die entsprechende Anzahl für die transversalen Schwingungen ist

$$G_t(\nu) = 2 \cdot \frac{4\pi}{3} \frac{abc}{c_t^3} \nu^3. \tag{4}$$

Die Gesamtzahl der Eigenschwingungen $\omega(\nu)\Delta\nu$ mit Frequenzen zwischen ν und $\nu + \Delta\nu$ ergibt sich daraus durch Addition und Differentiation:

$$\omega(\nu)\Delta\nu = \frac{d}{d\nu}\left[G_l(\nu) + G_t(\nu)\right]\Delta\nu = 4\pi abc\left(\frac{1}{c_l^3} + \frac{2}{c_t^3}\right)\nu^2\Delta\nu. \quad (5)$$

Die Dichte $\omega(\nu)$ der Eigenfrequenzen ist also porportional ν^2 und proportional dem Volumen $V = abc$ des betrachteten Körpers.

Diese Formel nehmen wir nun mit Debye als gültig an bis zu einer Grenzfrequenz ν_D, bei welcher die Gesamtzahl $G_l(\nu) + G_t(\nu)$ der Schwingungen gleich $3N$ ist. ν_D folgt also aus

$$\frac{4\pi}{3} V\left(\frac{1}{c_l^3} + \frac{2}{c_t^3}\right)\nu_D^3 = 3N. \quad (6)$$

Multipliziert man nun jede Eigenschwingung mit der durch (§ 12; 4) gegebenen mittleren Energie eines harmonischen Oszillators und summiert über alle Eigenfrequenzen, so erhält man für die Differenz aus dem Energieinhalt U der Schwingungen des festen Körpers und der Nullpunktsenergie U_0

$$U - U_0 = \int_{\nu=0}^{\nu_D} \omega(\nu)\cdot\frac{h\nu}{\exp\left(\frac{h\nu}{kT}\right) - 1}\,d\nu. \quad (7)$$

Aus (5) und (6) folgt

$$\omega(\nu) = 3N\cdot\frac{3\nu^2}{\nu_D^3}. \quad (8)$$

Das setzen wir in (7) ein und machen im Integral die Substitution $\frac{h\nu}{kT} = x$. Ferner führen wir statt ν_D die Debyesche charakteristische Temperatur

$$\Theta_D = \frac{h\nu_D}{k} \quad (9)$$

ein. Dann ergibt sich

$$U - U_0 = 3NkT\cdot 3\left(\frac{T}{\Theta_D}\right)^3 \int_{x=0}^{\Theta_D/T} \frac{x^3\,dx}{\exp x - 1}. \quad (10)$$

Der Faktor $3NkT$ ist der nach der klassischen Statistik zu erwartende Wert. Der zweite, nur von $\xi = T/\Theta_D$ abhängige Faktor liefert die quantenmechanische Korrektur an diesem Ergebnis und wird als Debyesche Funktion

$$D(\xi) = 3\xi^3 \int_0^{1/\xi} \frac{x^3 dx}{\exp x - 1} \tag{11}$$

bezeichnet. Der Integrand $x^3/(\exp x - 1)$ dieses Integrals ist für kleine x angenähert gleich x^2. Für sehr große ξ ist daher das Integral gleich $\frac{1}{3\xi^3}$, also $D(\xi) = 1$. Für hohe Temperaturen gilt daher, wie zu erwarten, der klassische Wert. Da der Integrand in (11) für große x exponentiell gegen null geht, kann man für kleine ξ die obere Integrationsgrenze gleich ∞ setzen. Das dann auftretende bestimmte Integral hat den Wert

$$\int_{x=0}^{\infty} \frac{x^3 dx}{\exp x - 1} = \frac{\pi^4}{15}. \tag{12}$$

Für kleine ξ gilt also angenähert

$$D(\xi) = \frac{\pi^4}{5} \xi^3. \tag{13}$$

Für tiefe Temperaturen erhält man demnach

$$U - U_0 = 3NkT \cdot \frac{\pi^4}{5} \left(\frac{T}{\Theta_D}\right)^3 = \frac{3\pi^4}{5} \frac{Nk}{\Theta_D{}^3} \cdot T^4 \tag{14}$$

und

$$c_v = \frac{1}{m} \frac{dU}{dT} = \frac{12\pi^4}{5} R \cdot \left(\frac{T}{\Theta_D}\right)^3. \tag{15}$$

Für tiefe Temperaturen sollte demnach c_v proportional T^3 sein.

Der Vergleich mit dem Experiment wird meist so durchgeführt, daß man bei einer bestimmten Temperatur aus dem gemessenen Wert von c_v denjenigen Wert Θ_D ermittelt, welcher beim Einsetzen in (10) den richtigen Wert für c_v liefert. Wenn sich dann für alle Meßtemperaturen derselbe Wert Θ_D ergibt, bestätigt das Experiment den allgemeinen Verlauf des Gesetzes. Wenn dieser Wert auch noch mit dem aus (6) und (9) folgenden Wert übereinstimmt, ist die Theorie vollständig erfüllt.

In Metallen muß man vor Durchführung dieses Vergleiches den Beitrag der Elektronen zur spez. Wärme in Abzug bringen. Dieser ist, wie wir in § 20 sehen werden, proportional zu T und überwiegt daher bei sehr tiefen Temperaturen. Aber selbst nach Abzug dieses Anteils von c_v oder für Isolatoren, bei denen dieser Anteil fehlt, bestätigt das Experiment die Debyesche Formel nicht genau. Das liegt daran, daß der Frequenzbereich, in welchem die Debyesche Annahme $\omega(\nu) \sim \nu^2$ zutrifft, tatsächlich nur sehr klein ist. Das ergab sich aus dem Vergleich mit den exakt berechneten Schwingungsspektren. Der Temperaturbereich, in welchem das Debyesche T^3-Gesetz mit dem aus den elastischen Konstanten folgenden Wert von Θ_D gilt, umfaßt deshalb nur wenige Grad. Bei höheren Temperaturen gibt es aber in vielen Fällen einen Bereich, wo Θ_D fast unabhängig von T ist, so daß die Debyesche Formel qualitativ erfüllt ist, nur mit einem etwas falschen Wert von Θ_D. Deshalb hat man früher die Güte der Debyeschen Formel manchmal überschätzt. Eine quantitative Wiedergabe des wirklichen Verhaltens kann eben durch eine relativ so einfache Formel mit nur einer Materialkonstante Θ_D nicht erreicht werden, sondern erfordert eine genauere Analyse der Schwingungsspektren der Kristalle.

§ 14. Die Plancksche Strahlungsformel

Die im vorigen Paragraphen durchgeführte Berechnung der Anzahl $\omega(\nu)\Delta\nu$ der Eigenschwingungen eines kontinuierlichen Mediums im Frequenzintervall $\Delta\nu$ ermöglicht zugleich eine einfache Bestimmung der Energiedichte der elektromagnetischen Strahlung in einem Hohlraum im thermischen Gleichgewicht. Wenn das Frequenzintervall $\Delta\nu$ viele Eigenfrequenzen umfaßt, ist auch für Lichtwellen die Dichte $\omega(\nu)$ von der Gestalt des Hohlraumes und der Oberflächenbeschaffenheit unabhängig. Bei der Übertragung von (§ 13; 5) auf Licht ist nur zu beachten, daß elektromagnetische Wellen stets transversal sind. Also ist der erste Summand in der Klammer von (§ 13; 5) zu streichen, und beim zweiten ist c_t durch die Lichtgeschwindigkeit c zu ersetzen. Also gilt

$$\omega(\nu)\Delta\nu = V \cdot \frac{8\pi\nu^2}{c^3}\Delta\nu. \tag{1}$$

Aus den Maxwellschen Gleichungen ergibt sich, daß die Amplitude jeder Eigenschwingung eines Hohlraumes der Differentialgleichung des linearen harmonischen Oszillators genügt. Wenn die Wände des Hohlraumes überall die Temperatur T haben, nimmt deshalb jede Eigenschwingung im thermischen Gleichgewicht die durch (§ 12; 4) gegebene Energie auf. Durch Multiplikation mit $\omega(\nu)\Delta\nu$ erhält man daraus die auf das Frequenzintervall $\Delta\nu$ entfallende Energie dieser thermischen Strahlung. Division durch V liefert die Energiedichte

$$u(\nu)\Delta\nu = \frac{8\pi\nu^2}{c^3} \cdot \frac{h\nu}{\exp\frac{h\nu}{kT} - 1}\Delta\nu. \tag{2}$$

Man beachte, daß dabei die Nullpunktsenergie der harmonischen Oszillatoren fortgelassen wurde. Als Nullpunkt der Energie wurde also willkürlich der am absoluten Nullpunkt vorhandene Zustand gewählt. Die Formel (2) wurde erstmalig von Planck 1900 angegeben. Später erkannte Einstein, daß Licht bei vielen Erscheinungen sich wie eine Partikelstrahlung aus Lichtquanten der Energie $h\nu$ verhält. Läßt man also in (2) den Faktor $h\nu$ fort, so stellt die Formel die Dichte der Lichtquanten des Frequenzintervalles $\Delta\nu$ im thermischen Gleichgewicht dar.

Die Energiedichte $u(\nu)\Delta\nu$ kann man nicht direkt beobachten, sondern nur die Energie, die aus einer kleinen Öffnung in der Hohlraumwandung ausgestrahlt wird. Die in den gesamten Halbraum austretende Strahlung des Frequenzintervalles $\Delta\nu$ dividiert durch die Beobachtungszeit und die Fläche der Öffnung wollen wir mit $I(\nu)\Delta\nu$ bezeichnen. Zur Berechnung von $I(\nu)$ ermitteln wir die Strahlung, die aus einer kleinen Öffnung der Fläche ΔS in der Zeit Δt in ein Richtungsintervall mit dem räumlichen Winkel $d\Omega$ unter dem Winkel ϑ gegen die Oberflächennormale austritt. Diese Strahlung muß zu Beginn der Zeit Δt in einem schiefen Zylinder mit der Grundfläche ΔS und der Seitenlänge $c\Delta t$, also der Höhe $c \cdot \cos\vartheta \cdot \Delta t$ enthalten gewesen sein (vgl. Abb. 1, S. 10). Da die Hohlraumstrahlung isotrop auf alle Richtungen verteilt ist, entfällt von der gesamten Energie $u(\nu)\Delta\nu \cdot \Delta S \cdot c\cos\vartheta\,\Delta t$ des Frequenzintervalls $\Delta\nu$ der Bruchteil $d\Omega/4\pi$ auf das herausgegriffene Winkelintervall. $I(\nu)\Delta\nu$ erhält man, wenn man das Produkt dieser Größen durch $\Delta S\Delta t$ dividiert und über alle Richtungen von $\vartheta = 0$ bis $\vartheta = \pi/2$ integriert. Wegen $d\Omega = \sin\vartheta\, d\vartheta\, d\varphi$ ergibt sich

$$I(\nu)\Delta\nu = u(\nu)\Delta\nu \cdot c \cdot \int_{\vartheta=0}^{\pi/2}\int_{\varphi=0}^{2\pi} \cos\vartheta \cdot \frac{\sin\vartheta\, d\vartheta\, d\varphi}{4\pi} = \frac{c}{4}u(\nu)\Delta\nu \tag{3}$$

und daher mit (2)

$$I(\nu) = \frac{2\pi\nu^2}{c^2} \cdot \frac{h\nu}{\exp\frac{h\nu}{kT} - 1}. \tag{4}$$

Für die gesamte, pro Flächeneinheit und Zeiteinheit ausgestrahlte Energie ergibt sich daraus

$$\begin{aligned}\int_{\nu=0}^{\infty} I(\nu)d\nu &= \frac{2\pi h}{c^2}\int_{\nu=0}^{\infty}\frac{\nu^3 d\nu}{\exp\frac{h\nu}{kT} - 1}\\ &= \frac{2\pi h}{c^2}\left(\frac{kT}{h}\right)^4 \int_{x=0}^{\infty}\frac{x^3dx}{\exp x - 1} = \sigma T^4.\end{aligned} \tag{5}$$

Die Proportionalität dieser Gesamtstrahlung zu T^4 wurde bereits vor Planck von Stefan experimentell und von Boltzmann theoretisch gefunden. Für die Proportionalitätskonstante σ ergibt sich aus dem Planckschen Strahlungsgesetz bei Beachtung von (§ 13; 12) der Ausdruck

$$\sigma = \frac{2\pi k^4}{c^2 h^3} \int\limits_0^\infty \frac{x^3\,dx}{\exp x - 1} = \frac{2\pi^5}{15} \cdot \frac{k^4}{c^2 h^3}\,. \tag{6}$$

Bei der Messung der spektralen Verteilung der thermischen Strahlung pflegt man die Energie statt auf das Frequenzintervall $\Delta\nu$ auf das zugehörige Wellenlängenintervall $\Delta\lambda$ zu beziehen. Wegen $\lambda\nu = c$ und $\frac{\Delta\lambda}{\lambda} = \frac{\Delta\nu}{\nu}$ ergibt sich für die Intensität $I(\lambda)\Delta\lambda$ im Wellenlängenintervall $\Delta\lambda$

$$I(\lambda)\Delta\lambda = \frac{I(\nu)\Delta\nu}{\Delta\lambda}\Delta\lambda = \frac{2\pi hc^2}{\lambda^5\left[\exp\frac{hc}{\lambda kT} - 1\right]}\Delta\lambda. \tag{7}$$

Für die Wellenlänge λ_m, bei der diese Funktion $I(\lambda)$ ihr Maximum hat, ergibt sich daraus die Gleichung

$$\left(\frac{d}{d\lambda}\ln I(\lambda)\right)_{\lambda=\lambda_m} = 0 = \frac{1}{\lambda_m}\left[\frac{\frac{hc}{\lambda_m kT}}{1-\exp\left(-\frac{hc}{\lambda_m kT}\right)} - 5\right]. \tag{8}$$

Als Wurzel der Gleichung

$$\frac{x}{1-e^{-x}} = 5 \tag{9}$$

findet man numerisch $x = 4{,}965$. Also folgt aus (8)

$$\lambda_m T = \frac{hc}{4{,}965\,k}\,. \tag{10}$$

Dieses Gesetz, daß $\lambda_m T$ gleich einer Konstante ist, bezeichnet man nach seinem Entdecker als das Wiensche Verschiebungsgesetz. Aus den experimentell ermittelten Werten von σ und $\lambda_m T$ berechnete Planck die Konstanten h und k.

Die aus diesem Wert von k und der Gaskonstante berechnete Größe der Avogadroschen Konstante war einige Jahre lang der genaueste bekannte Wert dieser Naturkonstante.

III. Statistik und Thermodynamik

§ 15. Die freie Energie

Die statistische Mechanik erlaubt die Berechnung der Mittelwerte aller Eigenschaften eines Körpers im thermischen Gleichgewicht. Sie liefert daher auch Formeln für alle thermodynamischen Größen. Wir werden jedoch sehen, daß diese für dieselbe Größe unter verschiedenen Bedingungen ganz verschieden aussehen und nur bei makroskopischen Körpern angenähert identisch werden.

Ein Beispiel dafür liefert die bereits betrachtete Einführung der Temperatur T. Bei einem energetisch isolierten, makroskopischen Körper mit der Energie E wird T nach (§ 8; 10) bzw. (§ 11; 7) statistisch definiert durch

$$\frac{1}{kT} = \frac{d}{dE} \ln \frac{\Phi}{\Phi_0} = \frac{d}{dE} \ln P(E). \tag{1}$$

($P(E)$ = Zahl der quantenmechanisch möglichen stationären Zustände mit einer Energie $< E$; Φ = Phasenvolumen bis zur Energie E; $\Phi_0 = h^N$; N = Zahl der Koordinaten).
In diesem Fall sind die in der Hamiltonfunktion vorkommenden Parameter und die Energie E die unabhängigen Variablen. T ist eine nur bei makroskopischen Körpern definierte Funktion von ihnen. Bei kleinen Körpern dagegen ist $P(E)$ keine differenzierbare Funktion von E und daher T nicht definiert.

Betrachtet man statt dessen einen Körper im Kontakt mit einem Thermostaten, so ist T eine durch den Thermostaten festgelegte, unabhängige Variable, E dagegen nicht. Die Energie schwankt. Die Wahrscheinlichkeit, einen Zustand mit der Energie E_j und dem statistischen Gewicht g_j anzutreffen, ist nach (§ 11; 10)

$$W_i = \frac{1}{Z} g_i e^{-E_j/kT} \text{ mit } Z = \sum_j g_j e^{-E_j/kT}. \tag{2}$$

Es ist natürlich zu erwarten, daß bei makroskopischen Körpern die Schwankungen von E keine Rolle spielen und daß sich dann aus (2) derselbe Zusammenhang zwischen T und der mittleren Energie $\bar{E}$ ergibt wie aus (1), aber zunächst ist das nicht ersichtlich.

Im folgenden wollen wir aus Platzmangel nur diese beiden Fälle betrachten, daß entweder T oder E unabhängige Variable ist. Weitere Variablen sind alle Parameter, die in der Hamiltonfunktion des betrachteten Körpers vorkommen. In der Thermodynamik hatten wie diese als Arbeitsvariablen bezeichnet. Hier wollen wir nur eine von ihnen betrachten, welche mit V bezeichnet werden soll. Zur Veranschaulichung wollen wir dabei an das Volumen denken. Das Umschreiben der Formeln auf andere oder mehrere Arbeitsvariablen ist so trivial, daß wir hier davon absehen.

Wir beginnen mit dem Fall, daß T und V die unabhängigen Variablen sind. Wir sahen in (IV; § 18), daß die zu diesen Variablen passende thermodynamische Funktion die freie Energie F ist. Aus F als Funktion von T und den Arbeitsvariablen folgen durch Differentiation alle thermodynamisch wesentlichen Beziehungen. Wir wollen hier zeigen, daß aus der Statistik für F die Formel

$$F = -kT \ln Z \tag{3}$$

folgt.

Zum Beweis berechnen wir die Arbeit dA, die bei einer reversiblen Änderung des Volumens um dV zugeführt werden muß. Wenn sich der Körper im Zustand mit der Energie E_j befindet, beträgt diese Arbeit $\frac{\partial E_j}{\partial V}\,dV$. Bei einer reversiblen Zustandsänderung muß man aber zwischendurch stets die Einstellung des thermodynamischen Gleichgewichts abwarten. Dabei ändert sich $\bar{E}$ während der Volumenänderung häufig. Die im Mittel geleistete Arbeit beträgt daher

$$dA = \frac{\partial \bar{E}}{\partial V}\,dV = \frac{1}{Z} \sum_j \frac{\partial E_j}{\partial V}\, g_j e^{-E_j/kT} \cdot dV. \tag{4}$$

Da g_j eine ganze Zahl ist, bleibt das statistische Gewicht bei einer kleinen Änderung der kontinuierlich veränderlichen Größe V konstant. Daher folgt aus (3) und (4)

$$dA = \frac{\partial F}{\partial V}\, dV\,, \tag{5}$$

wie es auf Grund von (IV; § 18; 3 und 7) zu erwarten war, wenn (3) als Formel für F zutrifft.

Bei diesem Prozeß sowie bei einer Änderung der Temperatur des Thermostaten um dT wird dem Körper außerdem die Energie dQ durch die Wechselwirkung mit dem Thermostaten zugeführt. Diese nennt man (per definitionem) Wärme. Man erhält dQ, indem man dA von der Änderung der mittleren Energie $\overline{E} = U$ subtrahiert. Aus (§ 11; 12) erhält man mittels (3)

$$U = \overline{E} = kT^2 \frac{\partial}{\partial T} \ln Z = F - T\,\frac{\partial F}{\partial T} \tag{6}$$

und daher

$$dU = \frac{\partial U}{\partial V}\, dV + \frac{\partial U}{\partial T}\, dT = \left(\frac{\partial F}{\partial V} - T\frac{\partial^2 F}{\partial T \partial V}\right) dV - T\,\frac{\partial^2 F}{\partial T^2}\, dT. \tag{7}$$

Subtrahiert man davon (5), so ergibt sich

$$dQ = dU - dA = -T\left[\frac{\partial^2 F}{\partial T\, \partial V}\, dV + \frac{\partial^2 F}{\partial T^2}\, dT\right]. \tag{8}$$

Hier zeigt sich, daß tatsächlich

$$\frac{dQ}{T} = -\left[\frac{\partial^2 F}{\partial T \partial V}\, dV + \frac{\partial^2 F}{\partial T^2}\, dT\right] \tag{9}$$

das totale Differential einer Funktion $S(T, V)$ ist, nämlich von

$$S(T, V) = -\frac{\partial F}{\partial T}\,. \tag{10}$$

Damit ergibt sich erstens aus den Formeln der statistischen Mechanik die Gültigkeit des 2. Hauptsatzes für reversible Prozesse bzw. die Formel für den Wirkungsgrad eines Carnotprozesses, welche ja nach (IV; § 13) unmittelbar aus $\oint \frac{dQ}{T} = 0$ folgt. Zweitens haben wir mit (10) eine statistische

Formel für die Entropie S als Funktion von T und den Arbeitsvariablen abgeleitet. Schließlich haben wir damit auch die Formel (3) als richtig erwiesen, denn aus (6) und (10) folgt, daß der Ausdruck (3) gleich $U - TS$ ist.

Bevor wir den Inhalt der statistischen Formeln (10) und (1) für S und T genauer diskutieren, betrachten wir den Fall, daß E und V die unabhängigen Variablen sind.

§ 16. Die Entropie

Wenn man als unabhängige Zustandsgrößen die Energie E ($= U$) und das Volumen V (als Vertreter für alle Arbeitsvariablen) auswählt, so gehört nach (IV; § 18; Tab. 2) dazu die Entropie $S(U, V)$ als passende thermodynamische Funktion. Wir wollen jetzt zeigen, daß sich für diese Funktion statistisch bei einem makroskopischen Körper die Formel

$$S(E, V) = k \ln P(E) \tag{1}$$

ergibt. Zum Beweis berechnen wir wieder die Arbeit

$$dA = \overline{\frac{\partial E}{\partial V}}\, dV\,; \tag{2}$$

nur haben wir jetzt über eine mikrokanonische Gesamtheit mit der Energie E zu mitteln. Dazu sortieren wir die stationären Zustände nach ihren Energiewerten E_j und deren Ableitungen $\partial E_j/\partial V = E_j'$. Bei makroskopischen Körpern liegen die vorkommenden Werte von E_j und E_j' so dicht, daß wir mit einer kontinuierlichen Verteilung rechnen können. Die Summe der g_j aller Zustände, bei denen E_j im Intervall E bis $E + dE$ und E_j' im Intervall E' bis $E' + dE'$ liegt, kann bei makroskopisch kleinen, aber im Vergleich zum mittleren Abstand der vorkommenden Werte großen Intervallen dE und dE' gleich $\omega_2(E, E')\, dE\, dE'$ gesetzt werden. Dann ist

$$P(E) = \int\limits_{E=-\infty}^{E} \int\limits_{E'=-\infty}^{+\infty} \omega_2(E, E')\, dE'\, dE \tag{3}$$

und nach (§ 11; 6)

$$\overline{\frac{\partial E}{\partial V}} = \frac{\int\limits_{E}^{E+\delta E} \int\limits_{E'=-\infty}^{+} E'\omega_2(E,E')\,dE'dE}{\int\limits_{E}^{E+\delta E} \int\limits_{E'=-\infty}^{+\infty} \omega_2(E,E')\,dE'dE} = \frac{\int\limits_{E'=-\infty}^{+\infty} E'\omega_2(E,E')dE'}{\int\limits_{E'=-\infty}^{+\infty} \omega_2(E,E')dE'}. \tag{4}$$

Für die Änderung von P bei einer Vergrößerung von E um dE bei festem V ergibt sich aus (3)

$$\frac{\partial P}{\partial E} dE = \int\limits_{E'=-\infty}^{+\infty} \omega_2(E,E')\,dE' \cdot dE = \omega_1(E)\,dE. \tag{5}$$

Dabei wurde bereits für das Integral von ω_2 über E', also die partielle Ableitung $\partial P/\partial E$, die Abkürzung $\omega_1(E)$ eingeführt.

Ändert man nun V um dV, so verschieben sich die Energiewerte E_j aller Zustände des Intervalles $dE\,dE'$ um $E'dV$. Hält man also in (3) die obere Grenze der Energie E fest, so rücken alle Zustände des Intervalles dE', die in dem Energie-Intervall $dE = E'dV$ unter der Grenze E liegen, aus dem Integrationsgebiet heraus. Das sind gerade $\omega_2(E,E')\,E'dV\,dE'$ Zustände. Integration dieses Ausdruckes über alle Intervalle dE' liefert die Abnahme von P bei dieser Änderung, also

$$\frac{\partial P}{\partial V} dV = -\int\limits_{E'=-\infty}^{+\infty} \omega_2(E,E')\,E'\,dV\,dE'. \tag{6}$$

Für die totale Änderung von P, also die Summe von (5) und (6), erhält man daher bei Beachtung von (2) und (4) und Benutzung der in (5) erklärten Abkürzung $\omega_1(E)$

$$\begin{aligned} dP = \omega_1(E)\left[dE - \frac{1}{\omega_1(E)} \int\limits_{E'=-\infty}^{+\infty} \omega_2(E,E')\,E'\,dE' \cdot dV\right] \\ = \omega_1(E)\,[dE - dA]\,. \end{aligned} \tag{7}$$

In der eckigen Klammer steht jetzt die zugeführte Wärme $dQ = dE - dA$. Mit Hilfe von (§ 15; 1) erhält man daher

$$\frac{dQ}{T} = k \frac{\partial}{\partial E} [\ln P(E)] \cdot \frac{dP}{\omega_1(E)} = \frac{k}{P} dP = d(k \ln P). \qquad (8)$$

Damit ist aufs neue bewiesen, daß bei reversiblen Prozessen $dQ/T = dS$ ein totales Differential ist, und zugleich ist die Formel (1) für S begründet.

Wir wollen uns nun davon überzeugen, daß die beiden äußerlich sehr verschiedenen Formeln (§ 15; 10) für $S(T, V)$ und (1) für $S(E, V)$ für makroskopische Körper praktisch übereinstimmen, wenn man in (§ 15; 10) die Temperatur T durch die mittlere Energie $\overline{E} = U = kT^2 \frac{\partial \ln Z}{\partial T}$ ausdrückt. Dabei wollen wir voraussetzen, daß $P(E)$ sich durch eine Potenz von E ausdrücken läßt:

$$P(E) = C \left(\frac{E}{E_0}\right)^M \text{ für } E > 0 \qquad (9)$$

und für negative E verschwindet. Bei einem idealen Gas ist diese Formel exakt richtig. In diesem Fall ist M eine Zahl in der Größenordnung der Molekülzahl, liegt also bei einer wägbaren Substanzmenge etwa zwischen 10^{18} und 10^{28}. E_0 bedeutet irgendeine feste Energieeinheit. C ist eine noch vom Volumen abhängige Zahl. Wegen des starken Anstieges von P mit E tragen praktisch nur die Zustände eines sehr kleinen Energieintervalles um U herum zur Zustandssumme Z bei. Das gilt auch für andere Körper als Gase. Daher kann man bei Körpern, für die (9) nicht gilt, doch $P(E)$ in dem allein wichtigen kleinen Bereich durch eine solche Formel approximieren. Damit ergibt sich

$$\frac{\partial P}{\partial E} = \omega_1(E) = \frac{CM}{E_0} \cdot \left(\frac{E}{E_0}\right)^{M-1}. \qquad (10)$$

Da bei einem makroskopischen Körper in einem Energieintervall der Größe kT noch sehr viele quantenmechanisch mögliche stationäre Zustände liegen, kann man die Zustandssumme (§ 15; 2) durch ein Integral ersetzen und erhält

$$Z = \int_0^\infty \omega_1(E)\, e^{-E/kT}\, dE = \frac{CM}{E_0} \int_0^\infty \left(\frac{E}{E_0}\right)^{M-1} \cdot e^{-E/kT}\, dE. \quad (11)$$

Mit der Substitution $E/kT = z$ und Benutzung der bekannten Hilfsformel

$$\int_0^\infty z^n e^{-z}\, dz = n! \quad (12)$$

erhält man daraus

$$Z = C\, M! \left(\frac{kT}{E_0}\right)^M. \quad (13)$$

Für große M gilt für $M!$ die Stirlingsche Formel

$$M! = \sqrt{2\pi M} \left(\frac{M}{e}\right)^M. \quad (14)$$

Damit ergibt sich

$$\ln Z = \ln C \sqrt{2\pi M} + M \left(\ln \frac{MkT}{E_0} - 1\right). \quad (15)$$

Daraus folgt weiter mit (§ 15; 6)

$$\overline{E} = U = kT^2 \frac{\partial \ln Z}{\partial T} = MkT \quad (16)$$

und nach (§ 15; 10 und 3)

$$S(T,V) = \frac{\partial}{\partial T}(kT \ln Z) = k \ln C \sqrt{2\pi M} + kM \ln \frac{MkT}{E_0}. \quad (17)$$

Eliminiert man hier die Temperatur T mittels (16), so folgt

$$S = k \ln C \sqrt{2\pi M} \left(\frac{U}{E_0}\right)^M = k \ln \sqrt{2\pi M}\, P(U). \quad (18)$$

Dieser Ausdruck unterscheidet sich von der Formel (1) für $E = U$ um den Summanden $k \ln \sqrt{2\pi M}$. Bei einem idealen Gas ist das eine Konstante, also belanglos, denn S ist ja prinzipiell nur bis auf eine Konstante definiert. Auf jeden Fall, also auch bei Körpern, bei denen der Exponent M in der Approximationsformel (9) noch von U und V abhängt, ist der Unterschied vernachlässigbar klein, denn bei Körpern mit N Molekülen liegt S stets in der Größenordnung Nk. Da M in der Größenordnung von N liegt, beträgt der Unterschied also etwa $\frac{k}{2} \ln N$, und das ist bei großem N verschwindend klein gegen kN. Trotz der äußerlich so verschiedenen Gestalt der Formeln (§ 15; 10) und (1) für die Entropie sind beide also bei makroskopischen Körpern nahezu identisch.

§ 17. Entropie und Wahrscheinlichkeit

Die obige, statistisch abgeleitete Formel für die Entropie pflegt man in der Form

$$S = k \ln W \qquad (1)$$

zu schreiben und bezeichnet dann W als thermodynamische Wahrscheinlichkeit. W ist eine ungeheuer große Zahl und zwar entweder gleich der Zahl $P(E)$ der quantenmechanisch möglichen stationären Zustände mit einer Energie $< E$ oder gleich der Dichte $\omega(E)$ der Zustände in der Energieskala an der Stelle der mittleren Energie mal einem kleinen Energieintervall δE, auf dessen Größe es nicht wesentlich ankommt. Man kann δE gleich der Breite des Intervalles setzen, in welchem die Energie bei Kontakt mit einem Thermostaten schwankt oder gleich dem Fehlerintervall bei der Messung der Energie. Bei wägbaren Körpern verursacht selbst ein Fehler um einen Faktor 10^{1000} bei W noch keinen meßbaren Fehler bei S.

Die Bezeichnung Wahrscheinlichkeit für W scheint mir recht unglücklich gewählt zu sein. Sie gab Anlaß zu dem Versuch, einen allgemein gültigen Zusammenhang zwischen Entropie und Wahrscheinlichkeit zu vermuten und durch allgemeine, wahrscheinlichkeitstheoretische Erwägungen zu begründen. Wenn man aber unter Wahrscheinlichkeit W in üblicher Weise die relative Häufigkeit versteht, mit der ein Zustand unter einer größeren Zahl von möglichen auftritt, so besteht sicher kein allgemein gültiger Zusammenhang zwischen S und W. Denn eine so definierte Wahrscheinlichkeit hängt nicht nur von dem festgestellten Zustand ab, sondern auch von seinen möglichen Änderungen. Wenn z. B. ein Körper energetisch isoliert ist, ist die Wahrscheinlichkeit, bei ihm einen anderen Wert der Energie als zu Anfang festzustellen, wegen des Satzes von der Erhaltung der Energie gleich null. Befindet sich der Körper dagegen in Kontakt mit einem Thermostaten, so ist diese Wahrscheinlichkeit verschieden von null. Die Entropie ist dagegen eine Zustandsfunktion und hängt nicht davon ab, ob man den betrachteten Körper bei gleichem innerem Zustand an seiner Oberfläche energetisch isoliert oder mit einem Thermostaten gleicher Temperatur in Kontakt bringt.

Unter gewissen Einschränkungen besteht jedoch ein Zusammenhang zwischen Entropie und Wahrscheinlichkeit, nämlich bei den Änderungen einer (oder mehrerer) Variablen a eines energetisch isolierten Körpers, der weder Arbeit noch Wärme aufnimmt oder abgibt. Nach dem zweiten Hauptsatz ändert sich in diesem Fall a stets in solcher Richtung, daß die Entropie S zunimmt. Die Statistik schwächt diese Aussage ab. Sie gelangt zu der Aussage, daß a um den Wert mit maximaler Entropie herum schwankt mit einer von $S(a)$ abhängigen Wahrscheinlichkeitsverteilung.

Diesen Zusammenhang wollen wir zunächst für den Fall ableiten, daß die Variable a nur diskrete Werte annehmen kann. Das ist z. B. bei einem Gasgemisch aus H_2, O_2 und H_2O der Fall, wenn man unter a die Zahl der H_2-Moleküle versteht. Bei Ablauf der chemischen Reaktion $2\,H_2 + O_2 \rightarrow 2\,H_2O$ ändert sich a stets um eine gerade ganze Zahl. Ist δE die Genauigkeit, mit der die zeitlich konstante Energie bekannt ist, so ist die Zahl der quantenmechanisch möglichen, stationären Zustände zu gegebenem Wert von a gleich $\omega(E, a)\,\delta E$. Wenn sich nun a ungehemmt ändern kann, tritt gemäß dem grundlegenden Ansatz der statistischen Mechanik jeder dieser Zustände zu jedem möglichen Wert von a mit gleicher Wahrscheinlichkeit auf. Das Verhältnis der Wahrscheinlichkeiten W für das Vorkommen der Werte a_1 und a_2 ist daher

$$\frac{W(a_1)}{W(a_2)} = \frac{\omega(E, a_1)\delta E}{\omega(E, a_2)\delta E}. \tag{2}$$

Da man nun, wie vorn bemerkt wurde, in der Formel $S = k \ln P(E)$ die große Zahl $P(E)$ ohne wesentlichen Fehler bei makroskopischen Körpern durch $\omega(E)\,\delta E$ ersetzen kann, folgt durch Logarithmieren dieser Gleichung:

$$\begin{aligned} k \ln \frac{W(a_1)}{W(a_2)} &= k \ln (\omega(E, a_1)\,\delta E) - k \ln (\omega(E, a_2)\delta E) \\ &= S(a_1) - S(a_2). \end{aligned} \tag{3}$$

Diese Gleichung besagt: Wenn sich in einem energetisch abgeschlossenen Körper ein Zustandsparameter a frei ändern kann, ist die Differenz der Entropien zu zwei Werten von a gleich k mal dem Logarithmus des Verhältnisses der Wahrscheinlichkeiten, mit der diese a-Werte vorkommen.

Die Gleichung (3) kann man auch umkehren. Hält man a_1 fest und ersetzt a_2 durch die variable Größe a, so erhält man

$$S(a) - k \ln W(a) = S(a_1) - k \ln W(a_1) = \text{konstant} \tag{4}$$

oder

$$W(a) = C\, e^{S(a)/k}. \tag{5}$$

Da die Summe aller Wahrscheinlichkeiten 1 ist, kann man C durch Summation über alle a leicht ermitteln und erhält

$$W(a) = \frac{\exp S(a)/k}{\sum\limits_a \exp S(a)/k}. \tag{6}$$

Derjenige Wert a_m von a, bei dem die Entropie $S(a)$ ihren Maximalwert annimmt, kommt also mit der größten Wahrscheinlichkeit vor. Da eine meßbare Entropieänderung stets sehr groß gegen k ist, ist die Wahrscheinlichkeit, einen a-Wert mit einer meßbar kleineren Entropie als $S(a_m)$ anzutreffen, um eine hohe Anzahl von Zehnerpotenzen kleiner als die maximale Wahrscheinlichkeit und daher praktisch gleich null. Für meßbare Entropieänderungen ist also die Aussage des 2. Hauptsatzes, daß die Entropie im abgeschlossenen System niemals abnimmt, praktisch richtig, nicht dagegen für sehr kleine Entropieänderungen in der Größenordnung von k.

Die Anwendung der Formel (6) führt deshalb nur für a-Werte nahe bei a_m zu physikalisch sinnvollen Ergebnissen, ja, sie ist sogar unter Umständen nur in diesem Bereich richtig. Denn in unserer Ausgangsformel (1) $S = k \ln W$ kann ja W, je nach den Bedingungen, eine etwas verschiedene Bedeutung haben. Nach (§ 16; 1) ist W im energetisch abgeschlossenen System gleich $P(E)$; nach (§ 16; 18) ist W bei gegebener Temperatur das $\sqrt{2\pi M}$-fache davon, wobei M eine Zahl in der Größenordnung der Molekülzahl ist. Diese Unbestimmtheit der „thermodynamischen Wahrscheinlichkeit" hat zur Folge, daß die Konstanz der Größe $S(a) - k \ln W(a)$ in (4) auch nicht mit mathematischer Strenge behauptet werden kann, sondern nur mit physikalisch sinnvoller Genauigkeit. Die Konstante kann sich mit a noch in ähnlicher Weise ändern wie k mal dem Logarithmus einer Molekülzahl, d. h. verschwindend wenig im Vergleich zu $S(a)$ und $k \ln W(a)$ einzeln. Aber das hat zur Folge, daß in (5) auch die Größe C möglicherweise nicht absolut konstant ist, sondern sich innerhalb des möglichen Intervalles der a-Werte um 10 bis 20 Zehnerpotenzen ändert. Statt (6) ergibt sich dann zunächst

$$W(a) = \frac{C(a) \exp S(a)/k}{\sum\limits_a C(a) \exp S(a)/k} \,. \tag{7}$$

Im Vergleich zu $\exp S(a)/k$ ist jedoch der unbestimmte Faktor $C(a)$ langsam mit a veränderlich. In dem Bereich der a-Werte, welcher zu der Summe im Nenner merklich beiträgt, kann daher $C(a)$ gleich dem Wert im Maximum von $\exp S(a)/k$ gesetzt werden und vor die Summe gezogen werden. Liegt a im Zähler auch in diesem Bereich, so kürzt sich der Faktor $C(a)$ heraus, und man erhält wieder (6). Liegt a aber weit außerhalb dieses Bereiches, so kann $C(a)/C(a_m)$ erheblich von 1 abweichen. Aber dann spielt dieser Fehler keine Rolle, denn dann besagt (6) bei Anwendung auf makroskopische

Körper praktisch nur, daß $W(a)$ sehr viel kleiner als jede meßbare Wahrscheinlichkeit ist, und das bleibt auch richtig, wenn man das Ergebnis etwa mit 100 multipliziert oder dividiert.

Die Umformung der Formel (6) für den Fall, daß die Variable a kontinuierlich veränderlich ist, sei hier nur angedeutet. Man erhält sie durch den Grenzübergang zu unendlich dicht liegenden a-Werten. Dann kann man natürlich nicht mehr von der Wahrscheinlichkeit $W(a)$ sprechen, einen bestimmten Wert a anzutreffen, sondern nur von der Wahrscheinlichkeit $w(a)\,\Delta a$, daß a in dem Intervall Δa liegt. Bei dem Grenzübergang zum Kontinuum geht die Summe im Nenner von (6) in ein Integral über. Wenn bei sehr dicht, aber noch diskret liegenden Meßwerten die Zahl der möglichen a-Werte im Intervall Δa durch $g(a)\,\Delta a$ gegeben ist, so lautet dieses Integral zunächst $\int g(a) \exp S(a)/k\, da$. Da nun aber die Dichtefunktion $g(a)$ in allen praktisch vorkommenden Fällen eine im Vergleich zu $\exp S(a)/k$ langsam veränderliche Funktion von a ist, kürzt sie sich in dem Bereich der a-Werte, in welchem die Wahrscheinlichkeit merklich von null verschieden ist, ebenso wie oben die Funktion $C(a)$ heraus. So erhält man für die Wahrscheinlichkeitsdichte bei kontinuierlich veränderlichem a

$$w(a) = \frac{\exp S(a)/k}{\int \exp S(a)/k\, da}\,. \tag{8}$$

Sehr wichtig ist der Hinweis, daß (6) und (8) nur für Schwankungen in isolierten Körpern ohne Arbeits- und Wärmeaustausch gelten. Wenn der betrachtete Körper stattdessen mit einem Thermostaten in Wärmeaustausch steht, ist nicht die Entropie, sondern die freie Energie für die Schwankungen bestimmend. Wenn a wieder nur diskrete Werte annehmen kann, erhält man aus (§ 15; 2) für die Wahrscheinlichkeit des Wertes a den Ausdruck

$$W(a) = \frac{1}{Z} \sum_{j\ (a\ \mathrm{fest})} g_j\, e^{-E_j/kT}\,. \tag{9}$$

Dabei ist die Zustandssumme bei frei veränderlichem a natürlich

$$Z = \sum_a \sum_j g_j e^{-E_j/kT}. \tag{10}$$

Aus (§ 15; 3) folgt aber

$$\sum_{j\,(a\text{ fest})} g_j e^{-E_j/kT} = e^{-F(a)/kT}, \tag{11}$$

denn links steht ja die Zustandssumme für einen festen Wert a. Also lautet (9)

$$W(a) = \frac{\exp(-F(a)/kT)}{\sum_a \exp(-F(a)/kT)}. \tag{12}$$

Aus dieser Formel folgt, ebenso wie bei der Entropie, eine Einschränkung der thermodynamischen Aussage, daß die freie Energie bei fester Temperatur nur abnehmen kann. Eine Zunahme von F der Größenordnung kT kommt vielmehr häufig vor.

Bei einer kontinuierlich veränderlichen Variablen a erhält man anstelle von (12) für die Wahrscheinlichkeitsdichte der Schwankungen bei fester Temperatur den Ausdruck

$$w(a) = \frac{\exp(-F(a)/kT)}{\int \exp(-F(a)/kT)\, da}. \tag{13}$$

Der Umstand, daß bei festem T nicht die Entropie, sondern die freie Energie die Größe der Schwankungen bestimmt, unterstreicht die Tatsache, daß es keinen allgemein gültigen Zusammenhang zwischen Entropie und Wahrscheinlichkeit gibt. Je nach den Bedingungen sind verschiedene thermodynamische Funktionen für die Wahrscheinlichkeitsverteilungen maßgebend. Die beiden oben behandelten Fälle sind nur die zwei wichtigsten Beispiele.

§ 18. Freie Energie und Entropie des idealen Gases

Als erste Anwendung der Ergebnisse von §§ 15 und 16 wollen wir F und S berechnen für ein ideales Gas aus N gleichen Molekülen, die wir idealisiert als völlig unabhängig voneinander ansehen wollen. Die quantenmechanisch möglichen Energiewerte eines einzelnen Moleküls seien $\varepsilon_1, \varepsilon_2, \varepsilon_3, \ldots \varepsilon_r, \ldots$. Der Einfachheit halber wollen wir annehmen, daß zu jeder Nummer r nur ein quantenmechanisch möglicher Zustand gehört. Wenn zu demselben Energiewert mehrere Zustände existieren, wie das in der Regel der Fall ist, so soll dieser Wert entsprechend mehrfach in der obigen Folge mit verschiedenen Nummern aufgeführt werden. Den Zustand des Gases als Ganzes kann man dann beschreiben durch die Angabe, N_1 Moleküle befinden sich im Zustand mit der Energie ε_1, N_2 im Zustand mit ε_2 usw. Den durch eine solche Zahlenfolge N_r bestimmten Zustand kann man aber noch auf viele verschiedene Weisen realisieren. Wenn man z. B. ein Molekül aus dem Zustand r in den Zustand s versetzt und ein anderes aus dem Zustand s in den Zustand r, so ändern sich die Zahlen N_r und N_s nicht, aber atomar gesehen liegt ein anderer Zustand vor. Jedenfalls glaubte man das vor der Entdeckung der Wellenmechanik, und daher wollen wir diese ältere Auffassung hier zunächst auch zugrunde legen. Jede Vertauschung von Molekülen in verschiedenen Zuständen gibt also einen neuen Zustand zur gleichen Zahlenfolge N_r. Insgesamt gestatten N Moleküle $N!$ Permutationen. Diese lassen sich aber jeweils in Klassen von $N_1!$ Gliedern zusammenfassen, die sich nur durch Vertauschungen der N_1 Moleküle im Zustand 1 unterscheiden. Diese Permutationen entsprechen keinen neuen Zuständen. Entsprechendes gilt für die N_2 Moleküle im Zustand 2 usw. Insgesamt gehören zu einer solchen Zahlenfolge

$$g = \frac{N!}{N_1!\,N_2!\,N_3!\ldots N_r!\ldots} \qquad (1)$$

verschiedene Verteilungen der Moleküle. Alle diese Zustände des Gases haben dieselbe Energie

$$E = \sum_r \varepsilon_r N_r . \tag{2}$$

Die Zustandssumme erhält man nun, indem man $g \exp\left(-\frac{E}{kT}\right)$ über alle Zahlenfolgen N_r mit der Nebenbedingung

$$\sum_{r=1}^{\infty} N_r = N \tag{3}$$

summiert. Diese Zustandssumme für ein Gas mit N Molekülen wollen wir mit Z'_N bezeichnen:

$$Z'_N = \sum_{N_r} \frac{N!}{N_1! N_2! \ldots N_r! \ldots} \exp\left(-\frac{\sum_r \varepsilon_r N_r}{kT}\right). \tag{4}$$

Nach (§ 15; 3 und 10) folgt daraus die freie Energie $F = -kT \ln Z'_N$ und die Entropie $S = -\partial F/\partial T$.

Bevor wir die Summation (4) ausführen, wollen wir hier ein gelegentlich benutztes Rechenverfahren kritisch betrachten. Wenn man in (4) alle Glieder gleicher Energie E zusammenfaßt, sind die Summanden, bei denen E nahezu gleich der mittleren Energie U ist, sehr viel größer als diejenigen zu erheblich anderen Energiewerten. Deshalb kann man bei der Berechnung von $\ln Z'_N$ die ganze Summe ohne großen Fehler durch ihren größten Summanden ersetzen. Scheinbar kann man sich aber auch vor Zusammenfassung aller Terme zum gleichen E auf die Berechnung des größten Summanden beschränken. Da N sehr groß ist, kann man $N!$ durch die Stirlingsche Formel approximieren

$$N! = \sqrt{2\pi N}\left(\frac{N}{e}\right)^N . \tag{5}$$

Wenn N die Größenordnung 10^{23} besitzt, kann man sogar bei $\ln N!$ den Logarithmus des Vorfaktors $\sqrt{2\pi N}$ vernachlässigen und

$$\ln N! \approx N(\ln N - 1) \tag{6}$$

setzen. Benutzt man diese Formel auch für alle N_r, so wird der Logarithmus eines Summanden von (4) eine differenzierbare Funktion der N_r, deren Maximum unter Berücksichtigung der Nebenbedingung (3) leicht zu berechnen ist. Dabei findet man, daß die zum Maximum gehörigen Werte der N_r mit den sogleich zu berechnenden exakten Mittelwerten übereinstimmen und daß der Logarithmus des größten Summanden unter den genannten Vernachlässigungen gleich dem richtigen Wert von $\ln Z'_N$ wird.

Trotz dieses richtigen Resultats ist diese Rechnung abzulehnen. Die Zahl der möglichen Zustände eines Moleküls ist nämlich unendlich. Wegen (3) können aber nur endlich viele N_r ungleich null sein. Der Nenner in (4) enthält also unendlich viele Faktoren $0! = 1$. Für $0!$ ist die Stirlingsche Formel (5) aber falsch. Nur weil in (6) der Summand $\ln \sqrt{2\pi N_r} = -\infty$ für $N_r = 0$ fortgelassen wurde, wird die Rechnung nicht ganz unsinnig. Wir werden nachher sehen, daß $\overline{N_r}$ unter normalen Bedingungen etwa 10^{-6} oder kleiner ist, d. h. nur jedes millionste N_r ist 1, ganz wenige sind 2 oder 3, unendlich viele sind null. Unter den praktisch vorkommenden Verteilungen gibt es keine, deren Beitrag zur Summe (4) über diejenigen aller anderen stark überwiegt; das wird nur vorgetäuscht durch Verwendung der Formel (6) als stetige Interpolationsformel zwischen $0!$ und $1!$. Es erscheint hiernach fast als ein Wunder, daß das Ergebnis trotzdem richtig ist. Das liegt natürlich daran, daß die erhaltene Formel formal genauso lauten würde, wenn es nur endlich viele Zustände gäbe und alle N_r sehr groß wären. Wenn das aber wirklich der Fall wäre, würde, wie wir später sehen werden, die Austauschwechselwirkung wesentlich bemerkbar werden, und dann ist der obige Ansatz ungültig.

Zur Berechnung von Z'_N benutzen wir den Kunstgriff der „erzeugenden Funktion", der von Fowler erfunden wurde. Wir berechnen die folgende Funktion von x:

$$Q(x) = \sum_{N=0}^{\infty} \frac{Z'_N}{N!} x^N . \tag{7}$$

Wenn diese Funktion in geschlossener Form zu ermitteln ist, ergibt sich Z'_N aus ihrer Potenzreihenentwicklung nach x. Beachtet man (3) und führt als Abkürzung die Bezeichnung

$$\xi_r = x \cdot e^{-\varepsilon_r/kT} \tag{8}$$

ein, so läßt sich das $x^N/N!$-fache eines Summanden von (4) in Form eines unendlichen Produktes schreiben:

$$\frac{1}{N_1!\,N_2!\ldots N_r!\ldots} \exp\left(-\frac{\sum\limits_r \varepsilon_r N_r}{kT}\right) x^N = \prod_{r=1}^{\infty} \frac{\xi_r^{N_r}}{N_r!} . \tag{9}$$

Setzt man nun die Summe (4) in (7) ein, so erhält man eine Summe über diese unendlichen Produkte über alle N_r, ohne Nebenbedingungen, und diese ist offenbar gleich dem Produkt der Summen über die einzelnen N_r:

$$Q(x) = \sum_{N_r=0}^{\infty} \prod_{r=1}^{\infty} \frac{\xi_r^{N_r}}{N_r!} = \prod_{r=1}^{\infty} \left\{ \sum_{N_r=0}^{\infty} \frac{\xi_r^{N_r}}{N_r!} \right\}. \tag{10}$$

In der geschweiften Klammer steht jetzt die Potenzreihe von $\exp \xi_r$. Also folgt

$$Q(x) = \prod_{r=1}^{\infty} e^{\xi_r} = \exp \sum_{r=1}^{\infty} \xi_r. \tag{11}$$

Führt man für die Zustandssumme des Einzelmoleküls die Abkürzung

$$\sum_{r=1}^{\infty} e^{-\varepsilon_r/kT} = \sigma \tag{12}$$

ein, so folgt

$$Q(x) = \exp x\sigma = \sum_{N=0}^{\infty} \frac{x^N \sigma^N}{N!}. \tag{13}$$

Vergleich mit (7) liefert daher

$$Z'_N = \sigma^N. \tag{14}$$

Das gilt offenbar für jedes N, auch für $N = 1$. Diese Rechnung ist tatsächlich nicht schwieriger als die oben angedeutete Rechnung mit Benutzung der Stirlingschen Formel, außerdem aber mathematisch einwandfrei.

Für die mittlere Energie U eines Gases aus N Molekülen folgt aus (14) wegen (§ 15; 6)

$$U = NkT^2 \frac{\partial}{\partial T} \ln \sigma = N\bar{\varepsilon}, \tag{15}$$

wobei

$$\bar{\varepsilon} = kT^2 \frac{\partial}{\partial T} \ln \sigma = \frac{1}{\sigma} \sum_j \varepsilon_j \, e^{-\varepsilon_j/kT} \tag{16}$$

die mittlere Energie eines Moleküls ist.

Für die Entropie folgt nach (§ 15; 10 und 3)

$$S = \frac{\partial}{\partial T}(kT \ln Z'_N) = N\left[k \ln \sigma + \frac{\bar{\varepsilon}}{T}\right]. \qquad (17)$$

Dieses Ergebnis ist jedoch, wie wir sehen werden, falsch (vgl. S. 87).

Zur Berechnung der mittleren Anzahl der Moleküle im j-ten Zustand betrachten wir Z'_N als eine Funktion aller ε_j. Die Ableitung von Z'_N nach ε_j bei festgehaltenen anderen ε_k erzeugt in (4) unter der Summe den zusätzlichen Faktor $-N_j/kT$. Der Mittelwert von N_j ist demnach

$$\overline{N_j} = -\frac{kT}{Z'_N}\frac{\partial Z'_N}{\partial \varepsilon_j} = -\frac{NkT}{\sigma}\frac{\partial \sigma}{\partial \varepsilon_j} = \frac{N}{\sigma} e^{-\varepsilon_j/kT}. \qquad (18)$$

Diese Ergebnisse wollen wir nun auf ein Edelgas aus einatomigen Molekülen anwenden. Bei diesen ist ε gleich der kinetischen Energie.

Nach de Broglie ist der Bewegung eines Teilchens mit der Masse m_0 und der Geschwindigkeit v, also dem Impuls $p = m_0 v$, eine Welle mit der Wellenlänge $\lambda = \frac{h}{p}$ bzw. einem Ausbreitungsvektor mit dem Betrage $k = \frac{2\pi}{\lambda} = \frac{2\pi}{h} p$ zugeordnet. Nach § 13 beträgt die Zahl G der Eigenschwingungen mit einem Ausbreitungsvektor kleineren Betrages als k in einem Kasten mit dem Volumen $V = abc$

$$G = \frac{4\pi}{3} k^3 \cdot \frac{abc}{(2\pi)^3}. \qquad (19)$$

Bei Materiewellen entspricht einer Welle mit dem Betrag k des Ausbreitungsvektors eine kinetische Energie der Größe

$$\varepsilon = \frac{1}{2m_0} p^2 = \frac{h^2}{8\pi^2 m_0} k^2. \qquad (20)$$

Die Zahl der Eigenschwingungen der Materiewellen mit einer Energie kleiner als ε ist daher

$$G(\varepsilon) = \frac{4\pi}{3h^3}(2m_0)^{3/2} V \sqrt{\varepsilon^3}. \qquad (21)$$

Daraus ergibt sich für die Zahl $\omega(\varepsilon)\Delta\varepsilon$ der quantenmechanisch möglichen Zustände mit einer kinetischen Energie zwischen ε und $\varepsilon + \Delta\varepsilon$ der Ausdruck

$$\omega(\varepsilon)\Delta\varepsilon = \frac{dG}{d\varepsilon}\,\Delta\varepsilon = \frac{2\pi}{h^3}(2m_0)^{3/2}V\cdot\sqrt{\varepsilon}\,\Delta\varepsilon. \tag{22}$$

In einem Volumen der Größenordnung 1 cm³ entfallen demnach bei der mittleren Energie $\varepsilon = 3kT/2$ bei Zimmertemperatur noch sehr viele quantenmechanisch mögliche Zustände auf ein Energieintervall der Breite kT (Größenordnung 10^{25}). Daher kann man bei der Berechnung von σ die Summe durch ein Integral ersetzen und erhält

$$\sigma = \int\limits_{\varepsilon=0}^{\infty} \omega(\varepsilon)\, e^{-\varepsilon/kT}\, d\varepsilon = \frac{2\pi}{h^3}(2m_0)^{3/2}V\int\limits_0^{\infty}\sqrt{\varepsilon}\, e^{-\varepsilon/kT}\, d\varepsilon. \tag{23}$$

Das Integral läßt sich durch die Substitution $\varepsilon/kT = \xi^2$ und partielle Integration auf das Integral (§ 4; 9) zurückführen. Man erhält

$$\sigma = \frac{V\,(2\pi m_0 kT)^{3/2}}{h^3}. \tag{24}$$

Dieses Ergebnis wollen wir etwas anders schreiben. Da die mittlere kinetische Energie $\overline{p^2}/2m_0$ bei der Temperatur T gleich $3kT/2$ ist, hat der mittlere Betrag des Impulses etwa die Größe $\sqrt{3m_0kT}$. Die Größe

$$\lambda_{th} = \frac{h}{\sqrt{2\pi m_0 kT}} \tag{25}$$

ist also der Größenordnung nach die de-Broglie-Wellenlänge eines Moleküls infolge seiner thermischen Bewegung bei der Temperatur T. Mit Benutzung dieser Größe folgt aus (24)

$$\sigma = V/\lambda_{th}^3 \tag{26}$$

und damit aus (18)

$$\overline{N}_j = \frac{N\lambda_{th}^3}{V}\, e^{-\varepsilon_j/kT}. \tag{27}$$

Nun rechnet man leicht nach, daß für das leichteste Edelgas He bei Zimmertemperatur $\lambda_{th} \approx 0{,}5$ Å und daher $N\lambda_{th}{}^3/V$ bei Normaldruck etwa $3 \cdot 10^{-6}$ ist. Die mittlere Besetzungszahl eines Zustandes ist also bei der kleinsten Energie $\varepsilon_j = 0$ nur etwa $3 \cdot 10^{-6}$ und bei höherer Energie und bei Gasen mit höherem Molekulargewicht noch kleiner. Das ist für das folgende sehr wichtig.

Aus (24) und (16) folgt weiterhin das bekannte klassische Ergebnis

$$\bar{\varepsilon} = \frac{3}{2} kT \tag{28}$$

und damit aus (17)

$$S = kN \left\{ \ln \left(\frac{V\,(2\pi m_0 kT)^{3/2}}{h^3} \right) + \frac{3}{2} \right\} \tag{29}$$

oder nach Einführung des Druckes $p = NkT/V$ statt V

$$S = kN \left\{ \ln \frac{\sqrt{2\pi m_0}^{\,3} \sqrt{kT}^{\,5}}{h^3 p} + \frac{3}{2} + \ln N \right\} \text{[falsch!]}. \tag{30}$$

Das ist nun aber offensichtlich falsch, denn bei festen Werten der spezifischen Zustandsvariablen p und T muß die Entropie der Molekülzahl N proportional sein, jedenfalls dann, wenn man S bei $T = 0$ für alle N gleich null setzt, denn die Wärmemenge dQ, die bei einer bestimmten kleinen Änderung von p und T zugeführt werden muß, ist dann proportional zu N und daher auch das ganze Integral $\int\limits_{T=0}^{T,\,p} \frac{dQ}{T}$. Die obige Formel (30) gilt zwar nicht mehr bis $T = 0$, weil dann die Approximation der Summe (12) durch das Integral (23) nicht mehr zulässig ist, und daher kann man an (30) nicht unmittelbar nachprüfen, ob wir den Nullpunkt in der bezeichneten Weise gewählt haben. Es folgt aber sofort aus (17). Wenn kT sehr klein gegen die Differenz $\varepsilon_2 - \varepsilon_1$ zwischen den ersten angeregten Energieniveau ε_2 und dem tiefsten Niveau ε_1 geworden ist, gilt $\sigma \approx e^{-\varepsilon_1/kT}$ und daher nach (16) $\bar{\varepsilon} = \varepsilon_1$, also nach (17) $S = 0$.

Die falsche N-Abhängigkeit der Formel (30) ist schon in der Anfangszeit der Quantenstatistik bemerkt worden und auch, wie sie zu korrigieren ist. Man erhält nämlich dieselbe falsche Formel (30) auch aus $S = k \ln \Phi/\Phi_0$, wenn man das Phasenvolumen $\Phi(E)$ eines einatomigen Gases aus N Atomen bis zur Energie $E = 3NkT/2$ berechnet und nach (§ 11; 3) $\Phi_0 = h^{3N}$ setzt. Das richtige Ergebnis erhält man, wenn man das Phasenvolumen außerdem durch $N!$ dividiert bzw. $k \ln N!$ von S subtrahiert. Mit Benutzung der Näherungsformel (6) ergibt sich dann für ein einatomiges Gas (ohne atomaren Drehimpuls)

$$S = Nk \left\{ \ln \frac{\sqrt{2\pi m_0}^3 \sqrt{kT}^5}{h^3 p} + \frac{5}{2} \right\}. \qquad (31)$$

Diese Formel ist bereits 1912 von Tetrode angegeben worden.

Die physikalische Ursache für die Notwendigkeit der Division durch $N!$ ist erst viel später erkannt worden, nämlich nach der Entdeckung der Wellenmechanik. Die verschiedenen, stationären Zustände eines Einzelmoleküls können wellenmechanisch als Eigenschwingungen der Materiewelle im Volumen V aufgefaßt werden. Jede solche Eigenschwingung verhält sich wie ein harmonischer Oszillator, dessen Energie in den stationären Zuständen quantenmechanisch nicht beliebige, sondern nur äquidistante Werte annehmen kann. Wenn man im Partikelbild von einem Zustand spricht, in welchem N_j Teilchen die Energie ε_j besitzen, so entspricht dem im Wellenbild die Aussage, daß die j-te Eigenschwingung der Materiewelle mit der Quantenzahl N_j angeregt ist und daher eine Energie $N_j\varepsilon_j$ über der Nullpunktsenergie besitzt. Die Benutzung des Teilchenbildes hat uns am Beginn dieses Paragraphen zu der Ansicht geführt, daß zu der Zahlenfolge $N_1, N_2, \ldots N_j, \ldots$ gerade $N!/(N_1! N_2! \ldots N_j! \ldots)$ verschiedene Zustände gehören, welche sich durch eine Vertauschung der Teilchen unterscheiden. Die Wellenmechanik besagt, daß diese Abzählung falsch ist. Dieser Zahlenfolge entspricht nur *ein* Zustand der Materiewelle. Bei der Abzählung der verschiedenen Schwingungszustände der elektromagnetischen Schwingungen in einem Hohlraum sind wir selbstverständlich auch schon so vorgegangen. Man kann diese Abzählungsweise auch damit begründen, daß gleiche Teilchen ununterscheidbar und daher bei Vertauschung keinen neuen Zustand liefern.

Da nun in einem Gas unter den üblichen Bedingungen fast nur Zustände auftreten, bei denen alle N_j gleich 0 oder 1 sind, ist der Faktor $N!/(N_1!\,N_2!\ldots)$ praktisch stets gleich $N!$. Man kann daher die falsche Abzählungsmethode der Zustände einfach durch eine Division durch $N!$ korrigieren. Die richtige Zustandssumme lautet daher unter Normalbedingungen einfach

$$Z_N \approx \frac{Z'_N}{N!} = \frac{\sigma^N}{N!} \tag{32}$$

und die freie Energie

$$F = -NkT\,[\ln\sigma - \ln N + 1]. \tag{33}$$

Die Formeln (15), (16) und (18) für U, $\bar{\varepsilon}$ und $\overline{N_j}$ bleiben unverändert, da in ihnen nur Ableitungen des Logarithmus der Zustandssumme vorkommen. Dagegen ist (17) zu ersetzen durch

$$S = kN\left[\ln\sigma - \ln N + 1 + \frac{\bar{\varepsilon}}{kT}\right], \tag{34}$$

was beim Einsetzen von (24) auf (31) führt. Das gilt jedoch nur, solange $\overline{N_r} \ll 1$ ist. Sobald sich nach dieser Rechnung mit merklicher Häufigkeit eine mehrfache Besetzung eines Zustandes ergibt, ändern sich die Ergebnisse völlig.

§ 19. Die Theorie der Gasentartung

Die im vorigen Paragraphen diskutierte quantenmechanische Abänderung der Anzahl der Zustände eines Gases aus N gleichen Molekülen ist nur bei verdünnten Gasen einer Division des Phasenvolumens durch $N!$ gleichwertig. Bei höherer Gasdichte verursacht sie außerdem eine Abweichung von der idealen Gasgleichung und eine Änderung des Zusammenhanges zwischen Energie und Temperatur. Diese Effekte bezeichnet man als Gasentartung. Für sie spielt noch ein weiterer, quantenmechanischer Effekt eine wichtige Rolle, nämlich das Pauli-Prinzip. Nach den Gesetzen der modernen Quantenmechanik lassen sich die Partikel in zwei Klassen einteilen. Die Teilchen der einen Klasse genügen dem Paulischen Ausschließungsprinzip, welches besagt, daß zwei identische Partikel niemals im gleichen quantenmechanischen Zustand angetroffen werden. Wenn man die möglichen, stationären Zustände des Einzelmoleküls wie in § 18 mit dem Index j der Größe nach durchnumeriert, so kann bei Teilchen dieser Art die Zahl N_j der gleichen Moleküle im Zustand j niemals größer als 1 werden:

$$\text{Pauli-Prinzip:}\quad N_j \leqq 1. \tag{1}$$

Für die Teilchen der anderen Klasse gilt das Pauli-Prinzip nicht. Bei ihnen können die Zahlen N_j jeden beliebigen Wert annehmen. Zu der ersten Sorte von Teilchen gehören die elementaren Atombausteine, das Elektron, Proton und Neutron sowie alle Atome und Moleküle, die aus einer ungeraden Anzahl dieser Partikel bestehen. Zu der zweiten Sorte von Teilchen, für die das Pauli-Prinzip nicht gilt, gehören alle Atome und Moleküle aus einer geraden Anzahl von elementaren Bausteinen.

In beiden Fällen gilt, daß eine Verteilung der ganzen Zahlen $N_1, N_2, \ldots N_j, \ldots$ nur *einem* Zustand entspricht. Die Zustandssumme eines Gases aus N identischen Molekülen lautet also

$$Z_N = \sum_{N_j} \exp\left(-\frac{\sum_j N_j \varepsilon_i}{kT}\right). \tag{2}$$

Dabei ist über alle Zahlenfolgen N_j zu summieren, welche der Nebenbedingung

$$\sum_{j=1}^{\infty} N_j = N \tag{3}$$

genügen. Bei Gültigkeit des Pauli-Prinzips ist außerdem (1) zu beachten.

Man sieht sofort, daß in (2) kein Summand überwiegt. Die im vorigen Paragraphen diskutierte Methode zur Auffindung der wahrscheinlichsten Verteilung ist daher niemals anwendbar, auch dann nicht, wenn alle N_j sehr groß wären. In dem Bestreben, wenigstens eine ähnliche Berechnungsmethode benutzen zu können, faßt man häufig eine große Anzahl von Einzelzuständen mit nahezu gleicher Energie ε_j zu einem Zustand zusammen und zählt dann ab, wieviel verschiedene Verteilungen es gibt bei gegebener Anzahl von Teilchen in diesem zusammengefaßten Zustand. Dadurch erhalten die Rechnungen ein so anderes Gesicht, daß sie anfänglich als eine völlig neue Statistik erschienen. Bei Teilchen, welche dem Pauli-Prinzip genügen, spricht man deshalb von Fermi-Dirac-Statistik, bei Teilchen, bei denen es nicht gilt, von Bose-Einstein-Statistik. Tatsächlich handelt es sich dabei nicht um andere Statistiken. Die grundlegende Formel (2) für die Zustandssumme und alle Formeln für die Berechnung von Mittelwerten und thermodynamischen Funktionen bleiben gültig. Die verschiedenen „Statistiken" unterscheiden sich nur darin, ob das Pauli-Prinzip zu beachten ist oder nicht.

Die Gleichartigkeit der Statistik in beiden Fällen wollen wir hier unterstreichen durch eine in beiden Fällen gleichartige Auswertung von (2) mit der Methode der erzeugenden Funktion

$$Q(x) = \sum_{N=0}^{\infty} Z_N x^N . \tag{4}$$

Beachtet man die Nebenbedingung (3) und schreibt zur Abkürzung

$$\xi_r = x\, e^{-\varepsilon_r/kT} , \tag{5}$$

so läßt sich (4) beim Einsetzen von (2) in folgender Form schreiben:

$$Q(x) = \sum_{N_j=0}^{\infty} \prod_{j=1}^{\infty} \xi_j^{N_j} . \tag{6}$$

Darin ist jetzt über alle Zahlenfolgen N_j zu summieren, ohne die Nebenbedingung (3). Lediglich (1) ist zu beachten, wenn das Pauli-Prinzip gilt. Da jetzt der Wertebereich, den jedes N_j durchläuft, nicht mehr von dem Wert der anderen N_k abhängt, kann man die Summe über die unendlichen Produkte in (6) als unendliches Produkt von Summen schreiben:

$$Q(x) = \prod_{j=1}^{\infty} \sum_{N_j} \xi_j^{N_j}.$$

Die einzelne Summe über N_j ist leicht auswertbar. Bei Gültigkeit des Pauli-Prinzips (Fermi-Dirac-Statistik) gilt:

$$\sum_{N_j=0}^{1} \xi_j^{N_j} = 1 + \xi_j = 1 + x e^{-\varepsilon_j/kT}. \tag{7a}$$

Gilt das Pauli-Prinzip nicht (Bose-Einstein-Statistik), so erhält man eine unendliche geometrische Reihe

$$\sum_{N_j=0}^{\infty} \xi_j^{N_j} = \frac{1}{1-\xi_j} = \frac{1}{1 - x e^{-\varepsilon_j/kT}}. \tag{7b}$$

Beide Formeln kann man zu einer zusammenfassen. In jedem Fall gilt

$$Q(x) = \prod_{j=1}^{\infty} \left(1 + \gamma x e^{-\varepsilon_j/kT}\right)^{\gamma}, \tag{8}$$

worin bei der Fermi-Dirac-Statistik $\gamma = +1$, bei der Bose-Einstein-Statistik $\gamma = -1$ zu setzen ist.

Zur Ermittlung der Zustandssumme haben wir nun $Q(x)$ in eine Potenzreihe zu entwickeln und daraus den Koeffizienten Z_N von x^N zu entnehmen. Diesen Koeffizienten kann man mit Hilfe des Cauchyschen Integralsatzes durch ein Integral über $Q(x)/x^{N+1}$ in der komplexen x-Ebene ausdrücken. Dieselbe Rechnung kann man aber etwas elementarer auch folgendermaßen beschreiben: In der Potenzreihe für $Q(x)$ setzt man $x = x_m e^{i\varphi}$, also

$$Q(x) = \sum_{p=0}^{\infty} Z_p x^p = \sum_{p=0}^{\infty} Z_p x_m^p e^{ip\varphi}. \tag{9}$$

Dadurch geht $Q(x)$ in eine komplexe Fourierreihe für φ über. Das Glied mit Z_p ist periodisch mit der Periode $2\pi/p$. Wegen

$$\int_{-\pi}^{+\pi} e^{im\varphi}\, d\varphi = \begin{cases} 0, \text{ falls } m \neq 0, \\ 2\pi, \text{ falls } m = 0 \end{cases} \tag{10}$$

erhält man den Koeffizienten Z_N durch Multiplikation mit $e^{-iN\varphi}$ und Integration über φ von $-\pi$ bis $+\pi$:

$$Z_N = \frac{1}{2\pi x_m{}^N} \int_{-\pi}^{+\pi} Q(x_m e^{i\varphi})\, e^{-iN\varphi}\, d\varphi . \tag{11}$$

x_m ist dabei willkürlich wählbar. Es darf nur nicht von φ abhängen. Man kann daher auch schreiben

$$Z_N = \frac{1}{2\pi} \int_{-\pi}^{+\pi} \frac{Q(x_m e^{i\varphi})}{(x_m e^{i\varphi})^N}\, d\varphi . \tag{12}$$

Die Auswertung dieses Integrals erfolgt nun nach der sogenannten Sattelpunktsmethode. Man wählt x_m so, daß die Ableitung des Integranden nach φ bei $\varphi = 0$ verschwindet. Der Logarithmus des Integranden lautet

$$\ln\,[Q(x)/x^N] = \sum_{r=1}^{\infty} \gamma \ln\left(1 + \gamma x e^{-\frac{\varepsilon_r}{kT}}\right) - N \ln x . \tag{13}$$

Wegen $\gamma^2 = 1$ ergibt sich für seine Ableitung nach x

$$\frac{d}{dx} \ln\,[Q(x)/x^N] = \sum_{r=1}^{\infty} \frac{1}{\exp\left(\frac{\varepsilon_r}{kT}\right) + \gamma x} - \frac{N}{x} . \tag{14}$$

Wir wählen nun x_m so, daß diese Ableitung bei $x = x_m$ verschwindet. Das führt auf die Gleichung

$$\sum_{r=1}^{\infty} \frac{1}{\frac{1}{x_m} \exp\left(\frac{\varepsilon_r}{kT}\right) + \gamma} = N , \tag{15}$$

welche nur eine reelle positive Wurzel x_m hat.

Nochmalige Differentiation von (14) nach x ergibt für $x = x_m$

$$\frac{d^2}{dx^2} \ln [Q(x)/x^N] = \frac{N}{x_m^2}\left[1 - \frac{\gamma}{N} \sum_{r=1}^{\infty} \frac{1}{\left(\frac{1}{x_m} \exp \frac{\varepsilon_r}{kT} + \gamma\right)^2}\right]. \tag{16}$$

Der hier auftretende Klammerausdruck

$$K = 1 - \frac{\gamma}{N} \sum_{r=1}^{\infty} \frac{1}{\left(\frac{1}{x_m} \exp \frac{\varepsilon_r}{kT} + \gamma\right)^2} \tag{17}$$

ist positiv. Da alle Summanden der Summe positiv sind, ist das für $\gamma = -1$ sofort zu sehen. Im Fall $\gamma = +1$ ist $1/\left(\frac{1}{x_m} \exp \frac{\varepsilon_r}{kT} + \gamma\right)$ positiv und $\leqq 1$. Die Summe dieser unendlich vielen Brüche ist aber nach (15) gleich N. Quadriert man diese Brüche, so werden sie kleiner oder bleiben unverändert. Also ist die Summe ihrer Quadrate $\leqq N$, d. h. $K \geqq 0$. Nur wenn alle die Brüche $1/\left(\frac{1}{x_m} \exp \frac{\varepsilon_r}{kT} + \gamma\right)$ null oder eins wären und sich daher beim Quadrieren nicht ändern würden, wäre die Summe in (17) auch gleich N und daher $K = 0$. Das kommt aber, wie sich nachher zeigen wird, niemals vor. Bei Gasen unter Normalbedingungen sind alle Brüche klein. Dann sind ihre Quadrate klein gegen die Brüche selbst, und daher ist K nahezu 1. Sind viele der Brüche nahezu 1, so liegen immer noch viele andere Brüche im Bereich zwischen 0,25 und 0,75 und werden beim Quadrieren etwa halb so groß. Auch dann ist das Produkt NK noch eine große Zahl. Das ist für das Folgende allein wichtig.

Schreibt man nun die ersten Glieder der Potenzreihenentwicklung von $\ln [Q(x)/x^N]$ nach Potenzen von $x - x_m$ an und setzt $x = x_m e^{i\varphi}$, so erhält man bei Beachtung der für kleine φ gültigen Beziehung $\frac{x - x_m}{x_m} = e^{i\varphi} - 1 \approx i\varphi$ nach einigen Zwischenrechnungen

$$\ln \frac{Q(x_m e^{i\varphi})}{(x_m e^{i\varphi})^N} = \ln Q(x_m) - N \ln x_m - \frac{NK}{2} \cdot \varphi^2 + \ldots \tag{18}$$

Da $NK \gg 1$ und positiv ist, hat also der Integrand von (12) bei $\varphi = 0$ ein Maximum und nimmt mit zunehmendem $|\varphi|$ sehr rasch ab. Denn bereits bei $|\varphi| = \sqrt{\frac{2}{NK}}$ ist der Logarithmus um 1 kleiner als bei $\varphi = 0$. Der Integrand hat dort also $1/e$ des Wertes bei $\varphi = 0$. Man kann sich leicht davon überzeugen, daß die weiteren Glieder der Reihenentwicklung (18) im Gebiet $|\varphi| < \sqrt{\frac{2}{NK}}$ sehr klein gegen 1 sind. Da also in (12) nur ein sehr kleines Gebiet um $\varphi = 0$ herum wesentlich zum Integral beiträgt, kann man in (12) die Näherungsformel (18) für alle φ benutzen und statt von $-\pi$ bis $+\pi$ von $\varphi = -\infty$ bis $+\infty$ integrieren. Dann ergibt sich

$$Z_N = \frac{Q(x_m)}{2\pi x_m{}^N} \int_{-\infty}^{+\infty} e^{-\frac{NK}{2}\varphi^2} d\varphi = \frac{Q(x_m)}{\sqrt{2\pi NK}\, x_m{}^N}. \tag{19}$$

Der Logarithmus der Zustandssumme ist also bis auf den neben den anderen Gliedern zu vernachlässigenden Summanden $\ln\sqrt{2\pi NK}$ gleich dem Ausdruck (13) für $x = x_m$:

$$\ln Z_N = \sum_{r=1}^{\infty} \gamma \ln \left(1 + \gamma x_m e^{-\frac{\varepsilon_r}{kT}}\right) - N \ln x_m. \tag{20}$$

Aus diesem Ergebnis berechnen wir zunächst den Mittelwert $\overline{N}_j$ der Besetzungszahl des j-ten Zustandes. Faßt man Z_N als Funktion der ε_r auf, so erhält man ebenso wie in (§ 18; 18)

$$\overline{N}_j = -kT \frac{\partial}{\partial \varepsilon_j} \ln Z_N = \frac{1}{\frac{1}{x_m} \exp \frac{\varepsilon_j}{kT} + \gamma}. \tag{21}$$

x_m ergibt sich darin aus (15). Diese Gleichung ist nach (21) mit der Nebenbedingung (3) für die Mittelwerte $\overline{N}_r$ identisch.

Schreibt man $x_m = e^{\alpha/kT}$, so erhalten wir also ausgeschrieben im Fall der Fermi-Dirac-Statistik ($\gamma = +1$)

$$\overline{N}_j = \frac{1}{\exp\frac{\varepsilon_j - \alpha}{kT} + 1} \tag{22}$$

und im Fall der Bose-Einstein-Statistik ($\gamma = -1$)

$$\overline{N}_j = \frac{1}{\exp\frac{\varepsilon_j - \alpha}{kT} - 1}. \tag{23}$$

Im ersten Fall ist $\overline{N}_j < 1$, wie es nach dem Pauli-Prinzip zu erwarten ist. Im zweiten Fall kann die Besetzungszahl $\overline{N}_1$ des Zustandes mit der kleinsten Energie ε_1 sehr groß werden, wenn α nur sehr wenig kleiner als ε_1 ist. Größer als der kleinste Energiewert ε_1 kann α in diesem Fall nicht werden. Denn stets ergibt sich α aus der Nebenbedingung $\Sigma\overline{N}_r = N$, und daher kann keine der stets positiven Besetzungszahlen $\overline{N}_r$ beliebig groß werden. Bei der Fermi-Dirac-Statistik kann α jeden Wert annehmen, je nach der Größe von T und N.

Für die freie Energie erhalten wir mit $x_m = e^{\alpha/kT}$ nach (20) und (§ 15; 3)

$$F = N\alpha - \gamma kT \sum_j \ln\left(1 + \gamma \exp\left(-\frac{\varepsilon_j - \alpha}{kT}\right)\right). \tag{24}$$

U und S folgen daraus durch Anwendung von (§ 15; 6 und 10). Bei Ausführung der Differentiation wäre an sich zu beachten, daß auch α bzw. x_m wegen (15) noch von T abhängt. Die Ableitung von F nach α verschwindet aber wegen (15) gerade. Daher braucht man in (24) bei Berechnung von $\partial F/\partial T$ nur die explizit vorkommende Temperatur T zu berücksichtigen und erhält, wie zu erwarten,

$$U = F - T\frac{\partial F}{\partial T} = \sum_j \overline{N}_j \varepsilon_j = \sum_j \frac{\varepsilon_j}{\exp\frac{\varepsilon_j - \alpha}{kT} + \gamma} \tag{25}$$

und

$$S = \frac{U - N\alpha}{T} + \gamma k \sum_j \ln\left(1 + \gamma \exp\left(-\frac{\varepsilon_j - \alpha}{kT}\right)\right). \quad (26)$$

Die Größe α, die hier in sehr formaler Weise eingeführt wurde, hat eine einfache thermodynamische Bedeutung. Sie ist nämlich gleich der Ableitung von F nach N bei festen Werten von T und ε_r. In der makroskopischen Thermodynamik bezeichnet man die Ableitung der freien Energie nach der Molzahl bei festem T und festen Arbeitsvariablen als das chemische Potential (IV; § 28; 1), vorausgesetzt, daß die freie Energie am absoluten Nullpunkt gleich null gesetzt wurde. Die obige Formel (24) entspricht einer anderen Wahl des Nullpunkts von F und liefert daher im allgemeinen für $T = 0$ einen von null verschiedenen Wert F_0. Die Molzahl ist gleich der Molekülzahl dividiert durch die Molekülzahl L_0 in einem Mol, $L_0 = 6{,}023 \cdot 10^{23}$. Daher ist das chemische Potential μ gleich L_0 mal der Ableitung von $F - F_0$ nach N. Bezeichnet man den Wert von α bei $T = 0$ mit α_0, so gilt also

$$\mu = L_0(\alpha - \alpha_0). \quad (27)$$

Bei wirklichen Gasen ist der Einfluß der Gasentartung klein gegen die Effekte, welche von den anziehenden und abstoßenden Kräften zwischen den Molekülen herrühren. Bei ihnen ist stets $\overline{N}_j \ll 1$ oder $\exp\frac{\varepsilon_j - \alpha}{kT} \gg 1$. Daher liefern (22) und (23) angenähert

$$\overline{N}_j = \exp\left(-\frac{\varepsilon_j - \alpha}{kT}\right) - \gamma \exp\left(-2\frac{\varepsilon_j - \alpha}{kT}\right). \quad (28)$$

Mit der Bezeichnung von (§ 18; 12)

$$\sigma(T) = \sum_j e^{-\varepsilon_j/kT} \quad (29)$$

erhält man also als Bestimmungsgleichung für α

$$N = \sum_j \overline{N}_j = \sigma(T)\, e^{\alpha/kT}\left(1 - \gamma \frac{\sigma(T/2)}{\sigma(T)} e^{\alpha/kT}\right). \quad (30)$$

Bei einem einatomigen Gas ist nach (§ 18; 24)

$$\sigma(T) = \frac{V}{h^3} \sqrt{2\pi m_0 kT}^{\,3} \tag{31}$$

und daher $\sigma(T/2) = \sigma(T)/\sqrt{2^3}$. Solange $N/\sigma \ll 1$ ist, folgt also in 1. Näherung

$$e^{\alpha/kT} = N/\sigma \tag{32}$$

und nach dem Einsetzen dieser Näherung in das Korrekturglied von (30) in 2. Näherung

$$e^{\alpha/kT} = \frac{N}{\sigma}\left(1 + \frac{\gamma}{2\sqrt{2}}\,\frac{N}{\sigma}\right). \tag{33}$$

Setzt man das in (24) ein und entwickelt alle Terme nach Potenzen von N/σ, so erhält man bei Berücksichtigung aller Glieder 1. Ordnung

$$F = -NkT\ln\sigma + kT\,N(\ln N - 1) + \frac{\gamma kTN}{4\sqrt{2}}\cdot\frac{N}{\sigma}. \tag{34}$$

Die ersten beiden Summanden stimmen, wie zu erwarten, mit dem Ergebnis (§ 18; 33) überein, bei welchem die falsche Wahl der statistischen Gewichte durch Division des Phasenvolumens bzw. der Größe σ^N durch $N!$ korrigiert worden war. Der letzte Summand liefert den Einfluß der Gasentartung in 1. Näherung. Da σ nach (31) proportional V ist, erhält man für die Zustandsgleichung

$$p = -\frac{\partial F}{\partial V} = \frac{NkT}{V}\left(1 + \frac{\gamma}{4\sqrt{2}}\,\frac{Nh^3}{V\sqrt{2\pi m_0 kT}^{\,3}}\right) \tag{35}$$

bzw. bei Einführung der schon in § 18 eingeführten mittleren de-Broglie-Wellenlänge $\lambda_{th} = h/\sqrt{2\pi m_0 kT}$

$$p = \frac{NkT}{V}\left(1 + \frac{\gamma}{4\sqrt{2}}\,\frac{N\lambda_{th}^3}{V}\right). \tag{36}$$

Bei einem Gas, dessen Atome dem Pauli-Prinzip genügen, $\gamma = 1$, ist also der Druck infolge Gasentartung etwas größer als für ein ideales Gas gleicher Dichte. Das Pauli-Prinzip wirkt also wie eine Abstoßung der Atome. Wenn das Pauli-Prinzip nicht gilt, $\gamma = -1$, wirkt der quantenstatistische Effekt der Gasentartung wie eine Anziehung der Atome, was anschaulich weniger gut zu verstehen ist. Das Korrekturglied in (35) ist proportional zu dem Verhältnis der dritten Potenz der mittleren de-Broglie-Wellenlänge λ_{th} zum mittleren Volumen V/N pro Molekül. Dieses Verhältnis ist selbst für Helium, bei welchem die Anziehungs- und Abstoßungskräfte die kleinsten Werte von allen Gasen besitzen, bei allen Temperaturen noch mindestens 100mal kleiner als die Korrekturglieder nach der van-der-Waalsschen Zustandsgleichung. Eine direkte Beobachtung der Gasentartungseffekte ist daher nicht möglich.

Es gibt jedoch zwei Erscheinungen, die das Vorhandensein der Gasentartung wenigstens qualitativ beweisen. Die eine tritt am flüssigen Helium auf. Die normalen Heliumatome (Atomgewicht 4) genügen der Bose-Einstein-Statistik. Wie man qualitativ aus (32) sieht, steigt α mit abnehmender Temperatur und zunehmender Dichte an. Bei einem Bose-Einstein-Gas hört das aber bei einer gewissen, kritischen Temperatur auf, nämlich dann, wenn α nahezu gleich dem tiefsten Energiewert ε_1 geworden ist, denn bei unbegrenzter Annäherung von α an ε_1 steigt $\overline{N}_1$ über alle Grenzen. Bei Unterschreitung dieser kritischen Temperatur steigt die Zahl der Atome, die sich im energetisch tiefstem Zustand befinden, enorm an. Das bezeichnet man als Einstein-Kondensation. Die Atome im energetisch tiefsten Zustand können naturgemäß an die Gefäßwandung keine Energie mehr abgeben. Man kann plausibel machen, daß sie dann von einer nicht zu rasch bewegten Wand auch keine Energie aufnehmen können, d. h. der Anteil der Substanz im energetisch tiefsten Zustand verhält sich so, als ob keine Reibung vorhanden wäre. Das ist die Ursache der sog. Superfluidität des flüssigen Heliums unterhalb der Temperatur von $2{,}2^0$ abs., welche sich vor allem in einem raschen Ausfließen aus winzigen Öffnungen äußert. Die Kräfte zwischen den Atomen haben allerdings im flüssigen Zustand einen so erheblichen Einfluß, daß obige Theorie mit unabhängig voneinander bewegten Atomen keine ausreichende Grundlage für die Beschreibung dieser Effekte bildet. Daß diese Erscheinung mit der Gasentartung zusammenhängt, wird experimentell dadurch bewiesen, daß flüssiges Helium aus dem seltenen Heliumisotop mit dem Atomgewicht 3 keine Superfluidität zeigt, da seine Atome der Fermi-Dirac-Statistik genügen.

§ 20. Die spezifische Wärme der Leitungselektronen

Das wichtigste Beispiel für Gasentartung bildet das Verhalten der Elektronen in Metallen. Für Elektronen gilt die Fermi-Dirac-Statistik. Da ihre Masse rd. 2000mal kleiner ist als die des leichtesten Atoms und ihre Teilchendichte in Metallen (unter der Annahme von einem Elektron pro Atom) mehr als 1000mal größer als in Gasen im Normalzustand, ist bei ihnen das Verhältnis $N\lambda_{th}^3/V$ etwa 10^8 mal größer als bei Gasen. Deshalb tritt starke Gasentartung auf. Darin steckt auch zugleich die Erklärung für die verwunderliche Tatsache, daß die Elektronen in Metallen sich bei vielen Erscheinungen wie freie Teilchen verhalten, obwohl die elektrostatischen Kräfte zwischen ihnen und den Atomrümpfen sehr stark sind.

Abb. 9 zeigt den Verlauf der mittleren Besetzungszahl $\overline{N}_j$ eines Elektronenzustandes in Abhängigkeit von seiner Energie ε_j nach (§ 19; 22). Wenn ε_j um mehr als $4kT$ kleiner ist als die Energie α, ist $\overline{N}_j$ fast gleich 1 und ändert sich mit abnehmen der Temperatur nicht. Wenn ε_j um mehr als $4kT$ größer als α ist, ist $\overline{N}_j$ fast gleich null. In dem Energieintervall der Breite $8kT$ um α herum liegen nun aber bei üblichen Temperaturen und frei angenommenen Elektronen viel weniger mögliche Energieniveaus als insgesamt Elektronen vorhanden sind. Bei Erwärmung von $T = 0$ bis zur Temperatur T ändert deshalb nur ein kleiner Bruchteil der Elektronen seine mittlere Energie. Ähnliches gilt auch für andere Zustandsänderungen. Zum Beispiel ändert sich

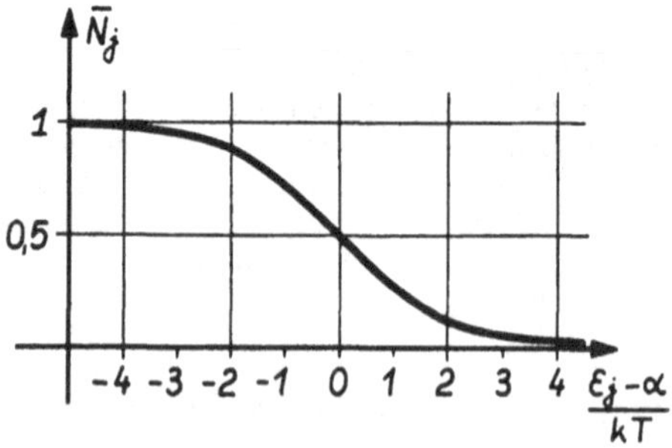

Abb. 9. Die mittlere Besetzungszahl $\bar{N}_j$ eines Zustandes in Abhängigkeit von seiner Energie ε_j bei Gültigkeit der Fermi-Dirac-Statistik.

auch beim Anlegen eines elektrischen Feldes die Besetzungswahrscheinlichkeit nur innerhalb einer schmalen Energiezone um α herum. In diesem Bereich ist aber die kinetische Energie der Elektronen ziemlich groß. Wenn man mit freien Elektronen und einem Elektron pro Atom rechnet, erhält man für α eine Energie von etwa 10 bis 20 eV oberhalb der als konstant vorausgesetzten potentiellen Energie. Für eine so große kinetische Energie ist der Einfluß der elektrostatischen Anziehung der Atomrümpfe und derjenige der Abstoßung der Elektronen untereinander bereits verhältnismäßig klein. Der Abstand zweier Elektronen, in welchem die potentielle Energie der Elektronenabstoßung diesen Wert erreicht, ist nur etwa halb so groß wie der mittlere Abstand der Leitungselektronen in guten Leitern. Wegen der Kleinheit der Elektronenmasse ist andererseits die de-Broglie-Wellenlänge von Elektronen dieser Energie noch merklich größer als die Gitterkonstante. Eine Welle kann aber an einem Gitter durch Interferenz nur dann eine Ablenkung erfahren, wenn die Wellenlänge kleiner als die doppelte Gitterkonstante ist. So erklärt sich qualitativ die Tatsache, daß die Elektronen mit den höchsten Energiewerten in einem wenig gestörten Gitter eines Metalls sich nahezu wie freie Elektronen verhalten und sich fast ohne Streuung durchs Gitter bewegen.

Die quantitative Begründung dieser Aussagen ist ein Problem der Quantenmechanik und überschreitet den Rahmen dieses Buches. Hier wollen wir uns nur mit der Berechnung des Beitrages der Leitungselektronen zur spezifischen Wärme befassen. Bei Erwärmung von $T = 0$ bis T wächst nur die Energie der Elektronen eines Energieintervalles der Breite $8kT$ um α herum. Da deren Anzahl proportional zu kT ist und ihr mittlerer Energiezuwachs auch, erwartet man einen Zuwachs der inneren Energie bei Erwärmung prop. zu $(kT)^2$. Die spez. Wärme der Elektronen sollte danach prop. zu T sein. Die Theorie bestätigt diese Vermutung, sofern man voraussetzen darf, daß sich die Dichte $\omega(\varepsilon)$ der Energieniveaus ε innerhalb eines Intervalls der Breite $8kT$ nur wenig mit ε ändert.

Bei gegebenem $\omega(\varepsilon)$ und gegebener Anzahl N der Elektronen folgt der Wert von α aus der Gleichung

$$N = \int_{-\infty}^{+\infty} \frac{\omega(\varepsilon)d\varepsilon}{\exp\frac{\varepsilon-\alpha}{kT}+1}. \tag{1}$$

Die innere Energie der Elektronen beträgt nach (§ 19; 25)

$$U = \int_{-\infty}^{+\infty} \frac{\varepsilon\,\omega(\varepsilon)d\varepsilon}{\exp\frac{\varepsilon-\alpha}{kT}+1}. \tag{2}$$

Bezeichnet man den Wert von α bei $T = 0$ mit α_0, so ist die Besetzungswahrscheinlichkeit $\overline{N_j}$ bei $T = 0$ für $\varepsilon_j < \alpha_0$ gleich 1 und für $\varepsilon_j > \alpha_0$ gleich null. Bei $T = 0$ gelten also für die Teilchenzahl N und die innere Energie die Formeln

$$N = \int_{-\infty}^{\alpha_0} \omega(\varepsilon)d\varepsilon \quad \text{und} \quad U_0 = \int_{-\infty}^{\alpha_0} \varepsilon\,\omega(\varepsilon)\,d\varepsilon. \tag{3}$$

Es ist zweckmäßig, die obigen Integrale (1) und (2) durch partielle Integration so umzuformen, daß nur noch die Ableitung der Besetzungswahrscheinlichkeit $\overline{N_j}$ nach ε in ihnen vorkommt, denn diese Größe ist nur in dem schmalen Bereich der Breite $8kT$ um α herum merklich von null verschieden. Wir führen deshalb die Anzahl $P(\varepsilon)$ der Energieniveaus unterhalb der Energie ε und die Gesamtenergie $E(\varepsilon)$ dieser Zustände ein durch die Gleichungen

$$P(\varepsilon) = \int_{-\infty}^{\varepsilon} \omega(\varepsilon)\, d\varepsilon \quad \text{und} \quad E(\varepsilon) = \int_{-\infty}^{\varepsilon} \varepsilon\, \omega(\varepsilon)\, d\varepsilon. \tag{4}$$

Wegen $\omega(\varepsilon) = dP(\varepsilon)/d\varepsilon$ und $\varepsilon\,\omega(\varepsilon) = dE(\varepsilon)/d\varepsilon$ folgt dann aus (1) und (2)

$$N = \int_{-\infty}^{+\infty} \frac{dP(\varepsilon)/d\varepsilon}{\exp\frac{\varepsilon-\alpha}{kT}+1}\, d\varepsilon = \left[\frac{P(\varepsilon)}{\exp\frac{\varepsilon-\alpha}{kT}+1}\right]_{-\infty}^{+\infty} + \int_{-\infty}^{+\infty} \frac{P(\varepsilon)\exp\frac{\varepsilon-\alpha}{kT}}{\left(\exp\frac{\varepsilon-\alpha}{kT}+1\right)^2} \frac{d\varepsilon}{kT} \tag{5}$$

und

$$U = \int_{-\infty}^{+\infty} \frac{dE(\varepsilon)/d\varepsilon}{\exp\frac{\varepsilon-\alpha}{kT}+1}\, d\varepsilon = \left[\frac{E(\varepsilon)}{\exp\frac{\varepsilon-\alpha}{kT}+1}\right]_{-\infty}^{+\infty} + \int_{-\infty}^{+\infty} \frac{E(\varepsilon)\exp\frac{\varepsilon-\alpha}{kT}}{\left(\exp\frac{\varepsilon-\alpha}{kT}+1\right)^2} \frac{d\varepsilon}{kT}. \tag{6}$$

$P(\varepsilon)$ und $E(\varepsilon)$ verschwinden für $\varepsilon \to -\infty$. Da $P(\varepsilon)$ und $E(\varepsilon)$ für $\varepsilon \to +\infty$ nur wie eine Potenz von ε gegen ∞ gehen, der Nenner in (5) und (6) dagegen exponentiell, verschwinden die ausintegrierten Teile in beiden Formeln. Der Faktor

$\dfrac{\exp\frac{\varepsilon-\alpha}{kT}}{\left(\exp\frac{\varepsilon-\alpha}{kT}+1\right)^2}=\dfrac{1}{\left(\exp\frac{\varepsilon-\alpha}{2kT}+\exp\frac{\alpha-\varepsilon}{2kT}\right)^2}$ ist eine gerade Funktion von $\frac{\varepsilon-\alpha}{kT}$, die für große $\frac{\varepsilon-\alpha}{kT}$ exponentiell verschwindet. Wenn sich also $P(\varepsilon)$ und $E(\varepsilon)$ in dem Intervall $|\varepsilon-\alpha|<4kT$ nur wenig mit ε ändern, kann man sie in den Integralen durch die ersten Glieder ihrer Potenzreihe nach $(\varepsilon-\alpha)$ ersetzen. Alle in $\varepsilon-\alpha$ ungeraden Summanden liefern dann keinen Beitrag zum Integral. Mit der Abkürzung $\frac{\varepsilon-\alpha}{kT}=z$ erhält man dann aus (5) und (6)

$$N=P(\alpha)\int\limits_{-\infty}^{+\infty}\frac{e^z}{(e^z+1)^2}dz+\frac{(kT)^2}{2}\int\limits_{-\infty}^{+\infty}\frac{z^2e^z}{(e^z+1)^2}dz\left(\frac{d^2P}{d\varepsilon^2}\right)_{\varepsilon=\alpha}+\dots \quad (7)$$

und

$$U=E(\alpha)\int\limits_{-\infty}^{+\infty}\frac{e^z}{(e^z+1)^2}dz+\frac{(kT)^2}{2}\int\limits_{-\infty}^{+\infty}\frac{z^2e^z}{(e^z+1)^2}dz\left(\frac{d^2E(\varepsilon)}{d\varepsilon^2}\right)_{\varepsilon=\alpha}+\dots \quad (8)$$

Das erste Integral in diesen Formeln ist offenbar gleich 1. Das zweite Integral läßt sich auf die ζ-Funktion zurückführen und hat den Wert $\pi^2/3$.

Zur Auswertung integriert man zunächst partiell:

$$J=\int\limits_{-\infty}^{+\infty}z^2\frac{e^z}{(e^z+1)^2}dz=-2\int\limits_0^{\infty}z^2\frac{d}{dz}\left(\frac{1}{e^z+1}\right)dz=4\int\limits_0^{\infty}\frac{z\,dz}{e^z+1}.$$

Nun entwickelt man den Integranden in eine Potenzreihe nach e^{-z}. Diese konvergiert gleichmäßig für $z>0$.

$$J=4\int\limits_0^{\infty}z\sum_{n=0}^{\infty}(-1)^n e^{-(n+1)z}\,dz=4\sum_{n=0}^{\infty}\frac{(-1)^n}{(n+1)^2}$$

$$=4\left(1-\frac{1}{2^2}+\frac{1}{3^2}-\dots\right).$$

Diese Reihe läßt sich folgendermaßen umordnen:

$$J = 4\left\{1 + \frac{1}{2^2} + \frac{1}{3^2} + \ldots - 2\left(\frac{1}{2^2} + \frac{1}{4^2} + \ldots\right)\right\}$$

$$= 4\left\{1 + \frac{1}{2^2} + \frac{1}{3^2} + \ldots - \frac{1}{2}\left(1 + \frac{1}{2^2} + \ldots\right)\right\}$$

$$= 2\left(1 + \frac{1}{2^2} + \frac{1}{3^2} + \ldots\right).$$

Jetzt steht in der Klammer die ζ-Funktion für das Argument 2, welche gleich $\pi^2/6$ ist.

Beachtet man nun, daß nach (3) $N = P(\alpha_0)$ und $U_0 = E(\alpha_0)$ ist, so erhält man aus (7) und (8)

$$P(\alpha) - P(\alpha_0) = -\frac{\pi^2}{6}(kT)^2\left(\frac{d^2P}{d\varepsilon^2}\right)_{\varepsilon=\alpha} + \ldots \quad (9)$$

und

$$U - U_0 = E(\alpha) - E(\alpha_0) + \frac{\pi^2}{6}(kT)^2\left(\frac{d^2E}{d\varepsilon^2}\right)_{\varepsilon=\alpha} + \ldots \quad (10)$$

Aus der ersten dieser Gleichungen ergibt sich die Abhängigkeit des α von T. In erster Näherung ist $P(\alpha) - P(\alpha_0) = \omega(\alpha_0)(\alpha - \alpha_0)$. Wegen $\left(\frac{d^2P}{d\varepsilon^2}\right)_{\varepsilon=\alpha} = \left(\frac{d\omega(\varepsilon)}{d\varepsilon}\right)_{\varepsilon=\alpha}$ folgt daher bei Vernachlässigung aller höheren Potenzen von $\alpha - \alpha_0$ außer der ersten:

$$(\alpha - \alpha_0) = -\frac{\pi^2}{6}(kT)^2\frac{1}{\omega(\alpha_0)}\left(\frac{d\omega}{d\varepsilon}\right)_{\varepsilon=\alpha_0}. \quad (11)$$

Mit Benutzung der Beziehungen

$$E(\alpha) - E(\alpha_0) = \left(\frac{dE}{d\varepsilon}\right)_{\alpha_0}(\alpha - \alpha_0) + \ldots = \alpha_0\,\omega(\alpha_0)(\alpha - \alpha_0) + \ldots$$

und

$$\left(\frac{d^2E}{d\varepsilon^2}\right)_{\varepsilon=\alpha_0} = \frac{d}{d\varepsilon}(\varepsilon\,\omega(\varepsilon))_{\varepsilon=\alpha_0} = \omega(\alpha_0) + \alpha_0\left(\frac{d\omega(\varepsilon)}{d\varepsilon}\right)_{\alpha_0}$$

erhält man damit aus (10)

$$U - U_0 = \frac{\pi^2}{6}(kT)^2\omega(\alpha_0). \quad (12)$$

Für einen Körper mit N_0 Atomen und der Masse m erhält man daraus wegen $R = N_0 k/m$ als Beitrag c_e der Elektronen zur spezifischen Wärme

$$c_e = \frac{1}{m}\frac{dU}{dT} = \frac{3}{2} R \cdot \frac{2\pi^2}{9} kT \frac{\omega(\alpha_0)}{N_0}. \tag{13}$$

Der erste Faktor $3R/2$ ist der Wert, den man auf Grund der klassischen kinetischen Gastheorie für ein freies Elektron pro Atom erwarten sollte. Infolge der Gasentartung ist er mit einem Faktor zu multiplizieren, welcher im wesentlichen gleich $\omega(\alpha_0)\,kT/N_0$ ist, also gleich der Anzahl der Energieniveaus der Elektronen in einem Intervall der Breite kT bei der Fermischen Grenzenergie α_0 dividiert durch die Atomzahl N_0. Für ein freies Elektron pro Atom ist dieser Faktor bei Zimmertemperatur etwa 10^{-4} bis 10^{-5}. Deshalb ist bei üblichen Temperaturen der Beitrag der Elektronen zur spezifischen Wärme neben demjenigen der Gitterschwingungen nicht bemerkbar. Nur bei sehr tiefen Temperaturen, wo der Gitteranteil der spez. Wärme nach (§ 13; 15) prop. T^3 gegen null geht, kann man den in T linearen Anteil der Elektronen experimentell erfassen und daraus die Größe $\omega(\alpha_0)$ entnehmen.

§ 21. Die Berechnung der thermischen Eigenschaften der Gase

Die in den früheren Paragraphen entwickelten Formeln gestatten im Prinzip die quantitative Berechnung aller thermischen Eigenschaften eines Körpers, sobald seine quantentheoretisch möglichen Energiewerte in Abhängigkeit von allen Zustandsparametern bekannt sind. Leider können wir aber diese Energiewerte nur für sehr einfache Körper aus den Grundgleichungen der Quantenmechanik ableiten. Schon für Atome mit mehr als zwei Elektronen wird diese Rechnung sehr schwierig und ungenau, erst recht für alle Moleküle außer dem einfachen H_2-Molekül, ganz zu schweigen von allen Flüssigkeiten und Festkörpern. Für verdünnte Gase, in denen man die Wechselwirkung der Atome bzw.

Moleküle vernachlässigen kann, lassen sich jedoch die möglichen Energiewerte der einzelnen Moleküle vollständig aus den gemessenen Spektren entnehmen, und dann ermöglicht die Statistik die Berechnung der thermischen Eigenschaften auf dieser halbempirischen Grundlage. Bei mittleren Temperaturen stimmen die so erhaltenen Ergebnisse gut mit den Messungen überein. Bei hohen Temperaturen und geringer Dichte, wo die Messungen ziemlich ungenau sind, liefert diese Theorie die einzig zuverlässigen Ergebnisse. Hier soll der Gang dieser Rechnung in großen Zügen erläutert werden.

Die Zustandssumme Z eines idealen Gases aus N gleichen Molekülen lautet nach (§ 18; 32), bei Vernachlässigung der Gasentartungseffekte,

$$Z = \frac{1}{N!}\,\sigma^N . \tag{1}$$

Darin bedeutet σ die Zustandssumme für ein einzelnes Molekül gemäß (§ 18; 12). Jeder Energiewert ε eines Moleküls ist gleich der Summe aus der kinetischen Energie $\varepsilon^{(tr)}$ seiner Translationsbewegung und der Energie $\varepsilon^{(i)}$ der inneren Bewegung der Molekülbausteine relativ zum Molekülschwerpunkt. Da die möglichen Werte von $\varepsilon^{(tr)}$ und $\varepsilon^{(i)}$ unabhängig voneinander sind, läßt sich σ als Produkt aus zwei Summen schreiben:

$$\sigma = \sigma_{tr} \cdot \sigma_i = \sum_j e^{-\varepsilon_j^{(tr)}/kT} \cdot \sum_l e^{-\varepsilon_l^{(i)}/kT} . \tag{2}$$

Von diesen Summen hatten wir die erste bereits in § 18 berechnet für den Fall, daß die Abstände der möglichen Werte von $\varepsilon^{(tr)}$ sehr klein gegen kT sind, was praktisch bei allen Temperaturen der Fall ist, mit dem Resultat

$$\sigma_{tr} = \frac{V\sqrt{2\pi m_0 kT}^{\,3}}{h^3} . \tag{3}$$

Damit lautet die Formel für die freie Energie nach (§ 15; 3) mit Benutzung der Stirlingschen Formel (§ 18; 6)

$$F = -NkT\left\{\ln\frac{V\sqrt{2\pi m_0 kT}^{\,3}}{Nh^3} + 1 + \ln\sigma_i\right\} . \tag{4}$$

Die Energiewerte $\varepsilon_l^{(i)}$ hängen nicht vom Volumen V ab, also auch σ_i nicht. Daher folgt aus (4) sofort die Gasgleichung

$$p = -\frac{\partial F}{\partial V} = NkT/V. \tag{5}$$

Für die innere Energie erhält man

$$U = F - T\frac{\partial F}{\partial T} = N\left\{\frac{3}{2}kT + kT^2\frac{\partial}{\partial T}\ln\sigma_i\right\}. \tag{6}$$

In der Formel für die Entropie wollen wir statt des Volumens V den Druck $p = NkT/V$ einführen. Dann ergibt sich

$$S = -\left(\frac{\partial F}{\partial T}\right)_V = kN\left\{\ln\frac{\sqrt{2\pi m_0}^{\,3}\sqrt{kT}^{\,5}}{ph^3} + \frac{5}{2} + \frac{\partial}{\partial T}(T\ln\sigma_i)\right\}. \tag{7}$$

Dabei wurde als Zustand mit verschwindender Entropie derjenige gewählt, der nach dieser Theorie bei $T = 0$ eintreten sollte, also bei Teilchen, die dem Pauli-Prinzip gehorchen, derjenige Zustand, bei dem die N energetisch tiefsten Niveaus des Einzelmoleküls besetzt sind und die anderen nicht, und bei Teilchen, die ihm nicht genügen, der Zustand, bei dem alle Moleküle im tiefsten Niveau sind. Der wirkliche Zustand, der bei $T = 0$ im kristallisierten Zustand eintritt, unterscheidet sich davon durch einen gewissen Energiebetrag, nicht durch das statistische Gewicht. Eine Änderung aller Energiewerte $\varepsilon^{(i)}$ um denselben Betrag ändert $T\ln\sigma_i$ nur um eine Konstante, S also nicht. Daher entspricht die obige Wahl des Nullpunktes von S der üblichen Normierung der Thermodynamik.

Die statistische Formel (7) wollen wir nun mit der thermodynamisch erhaltenen Formel (IV; § 14; 13) für die spezifische Entropie vergleichen. Diese lautet:

$$\frac{S}{m} = s(T,p) = c_{p0}\ln\frac{T}{T_0} + \int_0^T \frac{c_{pT}}{T}\,dT - R\ln\frac{p}{p_0} + s_0. \tag{8}$$

Geht man in (7) durch Division mit der Masse $m = N m_0$ ebenfalls zur spezifischen Entropie s über, so erhält man wegen $k/m_0 = R$

$$s = R\left\{\frac{5}{2}\ln\frac{T}{T_0} + \frac{\partial}{\partial T}(T \ln \sigma_i) - \ln\frac{p}{p_0} + \ln\frac{\sqrt{2\pi m_0}^{\,3}\sqrt{kT_0}^{\,5}}{h^3 p_0} + \frac{5}{2}\right\}. \quad (9)$$

Um zu sehen, ob die vier Summanden in (7) und (8) sich gliedweise entsprechen, berechnen wir noch die spez. Wärme c_p. In (8) wurde c_p zerlegt in einen konstanten Term c_{p0} und einen von T abhängigen, aber bei $T = 0$ verschwindenden Term c_{pT}. Aus (6) ergibt sich c_p mit Hilfe der Beziehungen

$$c_v = \frac{1}{m}\frac{\partial U}{\partial T} \text{ und } c_p - c_v = R. \quad (10)$$

Das liefert

$$c_p = \frac{5}{2} R + R \frac{\partial}{\partial T}\left(T^2 \frac{\partial}{\partial T} \ln \sigma_i\right). \quad (11)$$

Nun möge etwa der tiefste Energiewert ε_0 der innermolekularen Energie $\varepsilon^{(i)}$ gerade g_0 mal auftreten. ε_a sei der nächst höhere Energiewert, also derjenige mit der Nummer $j = g_0 + 1$ bei unserer Abzählungsmethode (vgl. S. 80). Für Temperaturen, bei denen $kT \ll \varepsilon_a - \varepsilon_0$ ist, gilt dann angenähert $\sigma_i = g_0 \exp(-\varepsilon_0/kT)$, also $T^2 \frac{\partial}{\partial T} \ln \sigma_i \approx \varepsilon_0/k$. Der zweite Summand in (11) verschwindet also bei $T = 0$. Also folgt aus der Statistik

$$c_{p0} = \frac{5}{2} R \text{ und } c_{pT} = R \frac{\partial}{\partial T}\left(T^2 \frac{\partial}{\partial T} \ln \sigma_i\right).$$

Der erste und der dritte Summand in (8) und (9) stimmen demnach überein. Die zweiten Summanden unterscheiden sich nur durch eine Konstante, denn durch Differentiation nach T ergibt sich

$$R \frac{\partial^2}{\partial T^2}(T \ln \sigma_i) = R\left(T \frac{\partial^2}{\partial T^2} \ln \sigma_i + 2 \frac{\partial}{\partial T} \ln \sigma_i\right)$$

$$= \frac{R}{T} \frac{\partial}{\partial T}\left(T^2 \frac{\partial}{\partial T} \ln \sigma_i\right) = \frac{c_{pT}}{T}. \quad (12)$$

Die konstante Differenz zwischen $R\partial(T \ln \sigma_i)/\partial T$ und $\int_0^T (c_{pT}/T)dT$ ergibt sich aus dem Grenzwert beider Ausdrücke für $T = 0$ und beträgt $R \ln g_0$. Subtrahiert man diesen Summanden von dem zweiten Term in (9) und fügt ihn zum letzten wieder hinzu, so werden (8) und (9) gliedweise identisch. Der Vergleich liefert dann die folgende Formel für die Entropiekonstante

$$s_0 = R\left(\ln \frac{\sqrt{2\pi m_0}^3 \sqrt{kT}^5 g_0}{p_0 h^3} + \frac{5}{2}\right). \tag{13}$$

Bei der Auswertung dieser Formel begegnet man der Schwierigkeit, daß die Zahl g_0, das statistische Gewicht des energetisch tiefsten Zustandes, nicht eindeutig definiert ist. Oft besteht der Grundzustand aus einem Multiplett von energetisch so eng beieinander liegenden Zuständen, daß ihre Energiedifferenzen bei allen Temperaturen, bei denen das Gas noch nicht vollständig kondensiert ist, vernachlässigt werden können. Das ist z. B. wegen der Hyperfeinstrukturaufspaltung bei fast allen Atomen der Fall, bei denen die Elektronenhülle und der Kern ein magnetisches Moment besitzen. Ob man unter g_0 die Anzahl der Zustände dieses ganzen Multipletts zu verstehen hat oder das statistische Gewicht des tiefsten Zustands des Multipletts, hängt davon ab, was man unter c_{pT} versteht. Wenn man das Gas ohne Kondensation bis zu sehr tiefen Temperaturen abkühlen könnte, würde sich irgendwann einmal die bei hohen Temperaturen realisierte Verteilung auf die verschiedenen Multiplett-Zustände verändern und in die Gleichgewichtsverteilung bei $T = 0$ übergehen, bei der alle Moleküle im tiefsten Multiplett-Zustand sind. In diesem Temperaturbereich besitzt c_p einen temperaturabhängigen Anteil, der aber nur rechnerisch ermittelt werden kann, weil das Gas in diesem Temperaturbereich in Wirklichkeit nicht mehr existiert. Berücksichtigt man diesen Anteil von c_p im Integral über c_{pT}/T, so hat man unter g_0 das statistische

Gewicht des tiefsten Multiplettniveaus zu verstehen. Läßt man diesen Anteil fort, so ist g_0 gleich der Gesamtzahl aller Niveaus im Multiplett zu setzen. Im gleichen Sinne ist zu verfahren hinsichtlich der Berücksichtigung der Ausrichtung der magnetischen Momente der Kerne im festen Zustand oder der Ordnung der verschiedenen Isotope im Gitter. Vernachlässigt man die davon herrührenden thermischen Effekte, die oft nur theoretisch und nicht durch Messung erfaßt werden können, so hat man bei allen Rechnungen diejenigen statistischen Gewichte einzusetzen, die beim Fehlen der Kernmomente und Identität aller Isotope gelten würden. Dann ist der Nullpunkt von S zwar nicht der Zustand, der tatsächlich am absoluten Nullpunkt eintritt, aber das macht bei der Berechnung der Entropiekonstante und der davon abhängigen chemischen Konstanten (nach IV; § 15) gar nichts aus, solange man nur für Dampf und Festkörper den gleichen Nullzustand voraussetzt.

Alle weiteren thermischen Berechnungen erfordern nun die Auswertung der Zustandssumme σ_i der inneren Bewegung in den Atomen und Molekülen. Bei einatomigen Gasen ist das sehr einfach, weil es entweder keine oder nur wenige Energiewerte $\varepsilon_j^{(i)}$ über dem tiefsten Energiewert $\varepsilon_0^{(i)}$ gibt, für die nicht $\varepsilon_j^{(i)} - \varepsilon_0^{(i)} \gg kT$ gilt. Alle Terme, für die das gilt, können aber vernachlässigt werden. Wählt man als Nullpunkt den festen Zustand bei $T = 0$, so ist $\varepsilon_0^{(i)}$ gleich der Sublimationswärme pro Atom bzw. Molekül bei $T = 0$ zu setzen.

Bei Molekülen ist die Rechnung wegen der vielen Anregungsniveaus wesentlich komplizierter. Wir wollen hier als einziges Beispiel ein zweiatomiges Molekül mit ungleichen Kernen ohne Drehimpuls der Elektronenhülle betrachten. Die wichtigste innere Bewegung ist bei ihnen die Rotation. Daneben spielt bei höheren Temperaturen die Schwingung der Moleküle eine Rolle. Die Anregung von Elektronen ist nur in Ausnahmefällen wichtig und soll hier außer Betracht bleiben.

In erster Näherung kann man Rotation und Schwingung als unabhängig behandeln, also

$$\varepsilon^{(i)} - \varepsilon_0^{(i)} = \varepsilon^{(\mathrm{rot})} + \varepsilon^{(s)} \tag{14}$$

setzen. Ist I das Trägheitsmoment des Moleküls um eine Achse durch den Schwerpunkt senkrecht zur Verbindungsachse der Atome, so liefert die Quantenmechanik für die möglichen Werte von $\varepsilon^{(\mathrm{rot})}$ die Formel

$$\varepsilon_j^{(\mathrm{rot})} = \frac{h^2}{8\pi^2 I}\, j\,(j+1). \tag{15}$$

Darin bedeutet j die ganzzahlige Rotationsquantenzahl. Jedes dieser Niveaus hat das statistische Gewicht $g_j = (2j+1)$. Die Schwingungszustände sind alle einfach. Fügt man zu $\varepsilon^{(s)}$ die Nullpunktsenergie $h\nu_0/2$ hinzu und subtrahiert sie wieder von $\varepsilon_0^{(i)}$ so gilt

$$\varepsilon_n^{(s)} = h\nu_0(n + 1/2) \quad (n = \text{ganzzahlig}) \tag{16}$$

und damit

$$\sigma_i = e^{-(\varepsilon_0^{(i)} - h\nu_0/2)/kT} \cdot \sigma_{\mathrm{rot}} \cdot \sigma_s \tag{17}$$

mit

$$\sigma_{\mathrm{rot}} = \sum_{j=0}^{\infty} (2j+1)\, e^{-h^2 j(j+1)/(8\pi^2 I k T)} \tag{18}$$

und

$$\sigma_s = \sum_{n=0}^{\infty} e^{-h\nu_0(n+1/2)/kT}. \tag{19}$$

Man führt hier zweckmäßig zwei charakteristische Temperaturen ein, analog zu (§ 12; 6):

$$\Theta_r = \frac{h^2}{8\pi^2 I k} \quad \text{und} \quad \Theta_s = \frac{h\nu_0}{k}. \tag{20}$$

Alle Gase außer Wasserstoff sind bei $T = \Theta_r$ bereits fast vollständig kondensiert. Im Bereich $T \gg \Theta_r$ kann man die

Summe σ_{rot} durch ein Integral ersetzen und erhält

$$\sigma_{\text{rot}} = \sum_{j=0}^{\infty} (2j+1)\, e^{-\frac{\Theta_r}{T} j(j+1)}$$

$$= \int_{x=0}^{\infty} (2x+1)\, e^{-\frac{\Theta_r}{T} x(x+1)}\, dx = \frac{T}{\Theta_r}. \tag{21}$$

Den Fehler dieser Näherungsformel kann man durch Benutzung der Euler-MacLaurinschen Summenformel abschätzen. Die ersten Glieder von ihr lauten

$$\sum_{j=0}^{n} f(j) = \int_0^n f(x)\, dx + \frac{1}{2}(f(n) + f(0))$$

$$+ \frac{1}{12}(f'(n) - f'(0)) - \frac{1}{720}(f'''(n) - f'''(0)) + R_4. \tag{22}$$

Das Restglied R_n geht im Limes $n \to \infty$ im allgemeinen nicht gegen null, sondern gegen ∞, d. h. die Reihe divergiert. Aber oft nimmt R_n mit wachsendem n erst auf ziemlich kleine Werte ab, und dann liefern die ersten Glieder der Reihe eine brauchbare Näherungsformel. Für σ_{rot} liefert sie

$$\sigma_{\text{rot}} = \frac{T}{\Theta_r} + \frac{1}{3} + \frac{1}{15}\frac{\Theta_r}{T} + \frac{4}{315}\left(\frac{\Theta_r}{T}\right)^2 + \ldots. \tag{23}$$

Als Beitrag der Rotation zur spez. Wärme folgt daraus:

$$c_{\text{rot}} = R\frac{\partial}{\partial T}\left(T^2 \frac{\partial}{\partial T} \ln \sigma_{\text{rot}}\right) = R\left(1 + \frac{1}{45}\left(\frac{\Theta_r}{T}\right)^2 + \ldots\right). \tag{24}$$

Man erkennt an dieser Formel, daß c_{rot} mit abnehmender Temperatur erst zunimmt. Bei $T = 0$ muß aber c_{rot} exponentiell auf null absinken, weil σ_{rot} dort exponentiell gegen eins geht. Die obige Formel (24) ist nur für $T > 2\Theta_r$ brauchbar. Bei tieferen Temperaturen genügt die Berechnung der ersten fünf Glieder der Summe σ_{rot}. Der gesamte Verlauf von c_{rot} ist in Abb. 10 wiedergegeben.

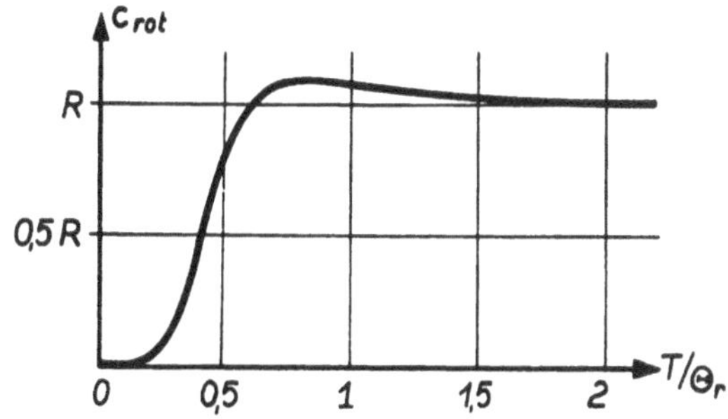

Abb. 10. Der Beitrag der Molekülrotation zur spezifischen Wärme für ein starres, zweiatomiges Molekül

Den Schwingungsanteil der Zustandssumme und der spez. Wärme haben wir bereits in § 12 berechnet mit dem Ergebnis

$$\sigma_s = \frac{1}{2\sinh \Theta_s/2T} \text{ und } c_s = R\left(\frac{\Theta_s}{T}\right)^2 \frac{\exp \Theta_s/T}{(\exp \Theta_s/T - 1)^2}. \qquad (25)$$

Zur quantitativen Berechnung der spezifischen Wärme genügen diese Formeln nicht ganz, weil in Wirklichkeit die Rotations- und Schwingungsbewegungen nicht unabhängig voneinander ablaufen. Da das Molekül nicht starr ist, wächst das Trägheitsmoment I mit wachsender Rotationsgeschwindigkeit. Daher liegen die möglichen Energiewerte bei hohem j dichter beieinander als nach (15). Außerdem wächst I auch mit wachsender Amplitude der Schwingungsbewegung, also mit n. Schließlich ist auch das Potential der an- und abstoßenden Kräfte der Atome nicht harmonisch, sondern steigt bei großem Abstand schwächer und bei kleinem Abstand stärker an als dasjenige eines harmonischen Oszillators. Die Wirkungen aller drei Effekte auf die möglichen Energiewerte kann man in der folgenden Formel zusammenfassen, die hier mit der in der Spektroskopie üblichen Bezeichnungsweise der Konstanten angegeben ist:

$$\begin{aligned}\varepsilon_{j,n}^{(i)} = \varepsilon_0^{(i)} - \frac{\omega_e hc}{2} - \frac{\omega_e x_e hc}{4} \quad & \text{[Nullpunktsenergie]} \\ + hc\,\{B_e j(j+1) + \omega_e(n + {}^1/_2)\} \quad & \text{[Erste Näherung]} \\ - hc\,\{\omega_e x_e (n + {}^1/_2)^2 + \alpha(n + {}^1/_2)\,j(j+1) & \\ + D_e j^2(j+1)^2\}\,. \quad & \text{[Korrekturterme]}\end{aligned} \tag{26}$$

Die fünf Koeffizienten B_e, ω_e, $\omega_e x_e$, α und D_e haben alle die Größenart (Länge)$^{-1}$ und sind für viele 2-atomige Moleküle genau gemessen worden. Die Quantentheorie liefert zwischen D_e, B_e und ω_e den Zusammenhang $D_e = 4B_e^3/\omega_e^2$, welcher zur Berechnung von D_e dienen kann, falls dafür keine Messungen vorliegen. Selbstverständlich gilt diese Formel nicht bis zu beliebig großen Quantenzahlen, denn $\varepsilon_{j,n}^{(i)}$ nimmt mit unbegrenzt wachsendem j und n nicht wieder ab. Das Spektrum bricht vielmehr bei irgendwelchen hohen Quantenzahlen ab. Deshalb darf man auch nicht das obige $\varepsilon_{j,n}^{(i)}$ einfach in die Zustandssumme einsetzen und bis $j = n = \infty$ summieren. Das ergäbe ein divergentes Resultat. Man muß vielmehr die letzten drei Terme in (26) als Korrekturen behandeln, d. h. man muß die e-Potenz nach x_e, α und D_e entwickeln und nach dem ersten Glied abbrechen. Das liefert mit der Abkürzung $\Theta_r = hcB_e/k$ und $\Theta_s = hc\omega_e/k$

$$\begin{aligned}\sigma_i = e^{-\varepsilon_0'^{(i)}/kT} \sum_{j,n=0}^{\infty} (2j+1)\, e^{-\frac{\Theta_r}{T} j(j+1)}\, e^{-\frac{\Theta_s}{T}(n+{}^1/_2)} & \\ \left\{1 + \frac{hc\alpha}{kT}(n+1/2)\,j(j+1) + \frac{hc\,\omega_e x_e}{kT}(n+1/2)^2\right. & \\ \left. + \frac{hcD_e}{kT}\, j^2(j+1)^2\right\}. & \end{aligned} \tag{27}$$

($\varepsilon_0'^{(i)}$ = Nullpunktsenergie nach (26)).

Die als Korrektur auftretenden Summen erhält man aus denen für σ_{rot} und σ_s durch zweimalige Differentiation nach Θ_r, Θ_s oder beiden:

$$\sigma_i = e^{-\varepsilon_0'^{(i)}/kT} \left\{ 1 + \frac{hc\alpha}{kT} T^2 \frac{\partial^2}{\partial\Theta_r \partial\Theta_s} \right.$$
$$\left. + \frac{hc\omega_e x_e}{kT} T^2 \frac{\partial^2}{\partial\Theta_s^2} + \frac{hcD_e}{kT} T^2 \frac{\partial^2}{\partial\Theta_r^2} \right\} \sigma_{\text{rot}}\left(\frac{T}{\Theta_r}\right) \sigma_s\left(\frac{T}{\Theta_s}\right). \quad (28)$$

Das liefert in erster Näherung die für $T \gg \Theta_r$ und kleine x_e, α/B_e und D_e/B_e brauchbare Formel

$$\sigma_i = e^{-\varepsilon_0'^{(i)}/kT} \frac{T/\Theta_r}{2 \sinh \Theta_s/2T} \left\{ 1 + \frac{\Theta_r}{3T} + \frac{1}{15}\left(\frac{\Theta_r}{T}\right)^2 + \dots \right.$$
$$+ \frac{\alpha}{2B_e} \operatorname{cotgh} \frac{\Theta_s}{2T}$$
$$\left. + \frac{x_e}{4} \cdot \frac{\Theta_s}{T} \left(2 \operatorname{cotgh}^2 \frac{\Theta_s}{2T} - 1 \right) + \frac{2D_e}{B_e} \frac{T}{\Theta_r} \right\}. \quad (29)$$

Nach diesen oder ähnlichen Methoden sind die Zustandssummen und die aus ihnen folgenden Energien und Beiträge zu den spezifischen Wärmen für viele Moleküle ausgewertet und in Tabellen zusammengestellt worden. Sobald man eine Genauigkeit der Größenordnung 1‰ anstrebt, sind in vielen Fällen spezielle Überlegungen notwendig, die hier nicht ausgeführt werden können. Insbesondere wirkt sich beim Wasserstoffmolekül der Kernspin in Verbindung mit dem Paulischen Ausschließungsprinzip für die Atomkerne in besonderer Weise aus. Daher gelten die obigen Formeln für diesen Fall nicht. Durch die obigen Rechnungen sollte nur deutlich gemacht werden, in welcher Weise die statistische Thermodynamik heutzutage zu nachprüfbaren Aussagen über die thermischen Eigenschaften der Stoffe führt.

Namen- und Sachverzeichnis

MAX PLANCK

Vorlesungen über Thermodynamik

11. Auflage, erweitert um eine Biographie von Max Planck und ein Kapitel über einige Grundbegriffe aus der Thermodynamik irreversibler Prozesse von *Max Päsler*

Groß-Oktav. Mit 5 Figuren. XXXVI, 343 Seiten mit einem Bild von *Max Planck*. 1964
Ganzleinen DM 30,—

Mit Freude kann man feststellen, daß mit diesem Buch nicht nur ein „Historisches Werk" über die klassische Thermodynamik, sondern auch ein wissenschaftliches Lehrbuch von außerordentlicher didaktischer Qualität erschienen ist. Um dem neuesten Stand der Erkenntnisse gerecht zu werden, hat der Herausgeber ein Kapitel über die Thermodynamik der irreversiblen Prozesse hinzugefügt. *Ventil* (Studentenzeitschrift)

WALTER DE GRUYTER & CO · BERLIN 30

SAMMLUNG GÖSCHEN

GESAMTVERZEICHNIS

Jeder Band DM 3,60 · Doppelband DM 5,80
Dreifachband DM 7,80

Frühjahr 1966

WALTER DE GRUYTER & CO · BERLIN 30

Inhaltsübersicht

Geisteswissenschaften

Philosophie

Einführung in die Philosophie von *H. Leisegang †*. 5. Auflage. 146 Seiten. 1963. (281)

Hauptprobleme der Philosophie von *G. Simmel †*. 8., unveränderte Auflage. 177 Seiten. 1964. (500)

Geschichte der Philosophie

I: Die griechische Philosophie von *W. Capelle*. 1. Teil. Von Thales bis Leukippos. 3., erweiterte Auflage. Etwa 135 Seiten. 1966. (857)

II: Die griechische Philosophie von *W. Capelle*. 2. Teil. Von der Sophistik bis zum Tode Platons. 3., stark erweiterte Auflage. Etwa 144 Seiten. 1966. In Vorbereitung (858)

III: Die griechische Philosophie von *W. Capelle*. 3. Teil. Vom Tode Platons bis zur Alten Stoa 2., stark erweiterte Auflage. 132 Seiten. 1954. (859)

IV: Die griechische Philosophie von *W. Capelle*. 4. Teil. Von der Alten Stoa bis zum Eklektizismus im 1. Jh. v. Chr. 2., stark erweiterte Auflage. 132 Seiten 1954. (863)

V: Die Philosophie des Mittelalters von *J. Koch*. In Vorbereitung. (826)

VI: Von der Renaissance bis Kant von *K. Schilling*. 234 Seiten. 1954. (394/394a)

VII: Immanuel Kant von *G. Lehmann*. In Vorbereitung. (536)

VIII: Die Philosophie des 19. Jahrhunderts von *G. Lehmann*. 1. Teil. 15 Seiten. 1953. (571)

IX: Die Philosophie des 19. Jahrhunderts von *G. Lehmann*. 2. Teil. 168 Seiten. 1953. (709)

X: Die Philosophie im ersten Drittel des 20. Jahrhunderts 1. Teil von *G. Lehmann*. 128 Seiten. 1957. (845)

XI: Die Philosophie im ersten Drittel des 20. Jahrhunderts 2. Teil von *G. Lehmann*. 114 Seiten. 1960. (850)

Die geistige Situation der Zeit (1931) von *K. Jaspers*. 6. Abdruck der im Sommer 1932 bearbeiteten 5. Auflage. 211 Seiten. 1965. (1000)

Erkenntnistheorie von *G. Kropp*.
1. Teil: Allgemeine Grundlegung. 143 Seiten. 1950. (807)

Formale Logik von *P. Lorenzen*. 3., verbesserte Auflage. Etwa 165 Seiten. 1966. (1176/1176a)

Philosophisches Wörterbuch von *M. Apel †*. 5., völlig neu bearbeitete Auflage von *P. Ludz*. 315 Seiten. 1958. (1031/1031 a)

Philosophische Anthropologie. Menschliche Selbstdeutung in Geschichte und Gegenwart von *M. Landmann*. 2., durchgesehene Auflage. 223 Seiten. 1964. (156/156a)

Pädagogik, Psychologie, Soziologie

Geschichte der Pädagogik von *Herm. Weimer* 17. Auflage von *Heinz Weimer*. 184 Seiten. 1966. (145/145a)

Therapeutische Psychologie. Ihr Weg durch die Psychoanalyse von *W. M. Kranefeldt*. Mit einer Einführung von *C. G. Jung*. 3. Auflage. 152 Seiten. 1956. (1034)

Allgemeine Psychologie von *Th. Erismann* †. 4 Bände.
I: Grundprobleme. 3. Auflage. 146 Seiten. 1965. (831)
II: Grundarten des psychischen Geschehens. 2., neubearbeitete Auflage. 248 Seiten. 1959. (832/832a)
III: Experimentelle Psychologie und ihre Grundlagen. 1. Teil. 2., neubearbeitete Auflage. 112 Seiten, 7 Abbildungen. 1962. (833)
IV: Experimentelle Psychologie und ihre Grundlagen. 2. Teil. 2., neubearbeitete Auflage. 199 Seiten, 20 Abbildungen. 1962. (834/834a)

Soziologie. Geschichte und Hauptprobleme von *L. von Wiese*. 7. Auflage. 176 Seiten. 1964. (101)

Ideengeschichte der sozialen Bewegung des 19. und 20. Jh. von *W. Hofmann*. 243 Seiten. 1962. (1205/1205a)

Sozialpsychologie von *P R. Hofstätter*. 2. Auflage. 191 Seiten, 18 Abbildungen. 1964. (104/104a)

Psychologie des Berufs- und Wirtschaftslebens von *W. Moede* †. 190 Seiten, 48 Abbildungen. 1958. (851/851 a)

Industrie- und Betriebssoziologie von *R. Dahrendorf*. 3. Auflage. 142 Seiten. 3 Figuren. 1965. (103)

Wirtschaftssoziologie von *F. Fürstenberg*. 122 Seiten. 1961. (1193)

Einführung in die Sozialethik von *H.-D. Wendland*. 144 S. 1963. (1203)

Religion

Jesus von *M. Dibelius* †. 3. Auflage, mit einem Nachtrag von *W. G. Kümmel*. 140 Seiten. 1960. (1130)

Paulus von *M. Dibelius* †. Nach dem Tode des Verfassers herausgegeben und zu Ende geführt von *W. G. Kümmel*. 3., durchgesehene Auflage. 156 Seiten. 1964. (1160)

Luther von *F Lau* 2., verbesserte und erweiterte Auflage. Etwa 170 Seiten. 1966. (1187)

Melanchthon von *R. Stupperich*. 139 Seiten. 1960. (1190)

Zwingli von *F. Schmidt-Clausing*. 119 Seiten. 1965. (1219)

Sören Kierkegaard. Leben u. Werk von *H. Gerdes*. 134 Seiten. 1966. (1221)

Einführung in die Konfessionskunde der orthodoxen Kirchen von *K. Onasch*. 291 Seiten. 1962. (1197/1197a)

Geschichte des christlichen Gottesdienstes von *W. Nagel*. 215 Seiten. 1962. (1202/1202a)

Geschichte Israels. Von den Anfängen bis zur Zerstörung des Tempels (70 n. Chr.) von *E. L. Ehrlich*. 2. Aufl. 1966. In Vorbereitung. (231/231a)

Römische Religionsgeschichte von *F. Altheim*. 2 Bände. 2., umgearbeitete Auflage.
I: Grundlagen und Grundbegriffe. 116 Seiten. 1956. (1035)
II: Der geschichtliche Ablauf. 164 Seiten. 1956. (1052)

Die Religion des Buddhismus von *D. Schlingloff*. 2 Bände.
I: Der Heilsweg des Mönchstums. 122 Seiten, 11 Abbildungen, 1 Karte. 1962. (174)
II: Der Heilsweg für die Welt. 129 Seiten, 9 Abbildungen, 1 Karte. 1963. (770)

Musik

Musikästhetik von *H. J. Moser*. 180 Seiten. Mit zahlreichen Notenbeispielen. 1953. (344)

Systematische Modulation von *R. Hernried*. 2. Auflage. 136 Seiten. Mit zahlreichen Notenbeispielen. 1950. (1094)

Der polyphone Satz von *E. Pepping*. 2 Bände.
I: Der cantus-firmus-Satz. 2. Auflage. 233 Seiten. Mit zahlreichen Notenbeispielen. 1950. (1148)
II: Übungen im doppelten Kontrapunkt und im Kanon. 137 Seiten. Mit zahlreichen Notenbeispielen. 1957. (1164/1164a)

Allgemeine Musiklehre von *H. J. Moser*. 2., durchgesehene Auflage. 155 Seiten. Mit zahlreichen Notenbeispielen. 1955. (220/220a)

Harmonielehre von *H. J. Moser*. 2 Bände.
I: 109 Seiten. Mit 120 Notenbeispielen. 1954. (809)
II: In Vorbereitung. (810)

Die Musik des 19. Jahrhunderts von *W. Oehlmann*. 180 Seiten. 1953. (170)

Die Musik des 20. Jahrhunderts von *W. Oehlmann*. 312 Seiten. 1961. (171/171a)

Technik der deutschen Gesangskunst von *H. J. Moser*. 3., durchgesehene und verbesserte Auflage. 144 Seiten, 5 Figuren sowie Tabellen und Notenbeispiele. 1954. (576/576a)

Die Kunst des Dirigierens von *H. W. von Waltershausen †*. 2., vermehrte Auflage. 138 Seiten. Mit 19 Notenbeispielen 1954. (1147)

Die Technik des Klavierspiels aus dem Geiste des musikalischen Kunstwerkes von *K. Schubert †*. 3. Auflage. 110 Seiten. Mit Notenbeispielen. 1954. (1045)

Kunst

Stilkunde von *H. Weigert*. 2 Bände. 3., durchgesehene und ergänzte Auflage.
I: Vorzeit, Antike, Mittelalter. 136 Seiten, 94 Abbildungen. 1958. (80)
II: Spätmittelalter und Neuzeit. 150 Seiten, 88 Abbildungen. 1958. (781)

Archäologie von *A. Rumpf*. 3 Bände.
I: Einleitung, historischer Überblick. 143 Seiten, 6 Abbildungen, 12 Tafeln. 1953. (538)
II: Die Archäologensprache. Die antiken Reproduktionen. 136 Seiten. 7 Abbildungen, 12 Tafeln. 1956. (539)
III: In Vorbereitung. (540)

Geschichte

Einführung in die Geschichtswissenschaft von *P. Kirn*. 4., durchgesehene Auflage. 127 Seiten. 1963. (270)

Einführung in die Zeitgeschichte von *B. Scheurig*. 101 Seiten. 1962. (1204)

GEISTESWISSENSCHAFTEN

Zeitrechnung der römischen Kaiserzeit, des Mittelalters und der Neuzeit für die Jahre 1—2000 n. Chr. von *H. Lietzmann †*. 3. Auflage, durchgesehen von *K. Aland*. 130 Seiten. 1956. (1085)

Kultur der Urzeit von *F. Behn*. 3 Bände. 4. Auflage der Kultur der Urzeit Bd. 1—3 von *M. Hoernes*.

I: Die vormetallischen Kulturen. (Die Steinzeiten Europas. Gleichartige Kulturen in anderen Erdteilen.) 172 Seiten, 48 Abbildungen. 1950. (564)

II: Die älteren Metallkulturen. (Der Beginn der Metallbenutzung, Kupfer- und Bronzezeit in Europa, im Orient und in Amerika.) 160 Seiten, 67 Abbildungen. 1950. (565)

III: Die jüngeren Metallkulturen. (Das Eisen als Kulturmetall, Hallstatt-Latène-Kultur in Europa. Das erste Auftreten des Eisens in den anderen Weltteilen.) 149 Seiten, 60 Abbildungen. 1950. (566)

Vorgeschichte Europas von *F. Behn*. Völlig neue Bearbeitung der 7. Auflage der „Urgeschichte der Menschheit" von *M. Hoernes*. 125 Seiten, 47 Abbildungen. 1949. (42)

Der Eintritt der Germanen in die Geschichte von *J. Haller †*. 3. Auflage, durchgesehen von *H. Dannenbauer*. 120 Seiten, 6 Kartenskizzen. 1957. (1117)

Von den Karolingern zu den Staufern. Die altdeutsche Kaiserzeit (900—1250) von *J. Haller †*. 4., durchgesehene Auflage von *H. Dannenbauer*. 142 Seiten, 4 Karten. 1958. (1065)

Von den Staufern zu den Habsburgern. Auflösung des Reichs und Emporkommen der Landesstaaten (1250 —1519) von *J. Haller †*. 2., durchgesehene Auflage von *H. Dannenbauer*. 118 Seiten, 6 Kartenskizzen. 1960. (1077)

Deutsche Geschichte im Zeitalter der Reformation, der Gegenreformation und des dreißigjährigen Krieges von *F. Hartung*. 2., durchgesehene Auflage. 128 Seiten. 1963 (1105)

Deutsche Geschichte von 1648—1740. Politischer und geistiger Wiederaufbau von *W. Treue*. 120 Seiten. 1956. (35)

Deutsche Geschichte von 1713—1806. Von der Schaffung des europäischen Gleichgewichts bis zu Napoleons Herrschaft von *W. Treue*. 168 Seiten. 1957. (39)

Deutsche Geschichte von 1806—1890. Vom Ende des alten bis zur Höhe des neuen Reiches von *W. Treue*. 128 Seiten. 1961. (893)

Deutsche Geschichte von 1890 bis zur Gegenwart von *W. Treue*. In Vorbereitung. (894)

Quellenkunde der Deutschen Geschichte im Mittelalter (bis zur Mitte des 15. Jahrhunderts) von *K. Jacob †*. 3 Bände.

I: Einleitung. Allgemeiner Teil. Die Zeit der Karolinger. 6. Auflage, bearbeitet von *H. Hohenleutner*. 127 Seiten. 1959. (279)

II: Die Kaiserzeit (911—1250). 5. Auflage, neubearbeitet von *H. Hohenleutner*. 141 Seiten. 1961. (280)

III: Das Spätmittelalter (vom Interregnum bis 1500). Herausgegeben von *F. Weden*. 152 Seiten. 1952. (284)

Geschichte Englands von *H. Preller*. 2 Bände.
I: bis 1815. 3., stark umgearbeitete Auflage. 135 Seiten, 7 Stammtafeln, 2 Karten. 1952. (375)
II: Von 1815 bis 1910. 2., völlig umgearbeitete Auflage. 118 Seiten, 1 Stammtafel, 7 Karten. 1954. (1088)

Römische Geschichte von *F. Altheim*. 4 Bände. 2., verbesserte Auflage.
I: Bis zur Schlacht bei Pydna (168 v. Chr.). 124 Seiten. 1956. (19)
II: Bis zur Schlacht bei Actium (31 v. Chr.). 129 Seiten, 1956. (677)
III: Bis zur Schlacht an der Milvischen Brücke (312 n. Chr.). 148 Seiten. 1958. (679)
IV: Bis zur Schlacht am Yarmuk (636 n. Chr.). In Vorbereitung. (684)

Geschichte der Vereinigten Staaten von Amerika von *O. Graf zu Stolberg-Wernigerode*. 192 Seiten, 10 Karten. 1956. (1051/1051a)

Deutsche Sprache und Literatur

Geschichte der Deutschen Sprache von *H. Sperber*. 5., neubearbeitete Auflage von *P. von Polenz*. 136 Seiten. 1966. (915)

Deutsches Rechtschreibungswörterbuch von *M. Gottschald †*. 2., verbesserte Auflage. 219 Seiten. 1953. (200/200a)

Deutsche Wortkunde. Kulturgeschichte des deutschen Wortschatzes von *A. Schirmer*. 5. Auflage von *W. Mitzka*. 125 Seiten. 1965. (929)

Deutsche Sprachlehre von *W. Hofstaetter*. 10. Auflage. Völlige Umarbeitung der 8. Auflage. 150 Seiten. 1960. (20)

Stimmkunde für Beruf, Kunst und Heilzwecke von *H. Biehle*. 111 Seiten. 1955. (60)

Redetechnik. Einführung in die Rhetorik von *H. Biehle*. 2., erweiterte Auflage. 151 Seiten. 1961. (61)

Sprechen und Sprachpflege (Die Kunst des Sprechens) von *H. Feist*. 3. Aufl. Etwa 99 Seiten, 25 Abbildungen. 1966 In Vorbereitung (1122)

Deutsches Dichten und Denken von der germanischen bis zur staufischen Zeit von *H. Naumann †*. (Deutsche Literaturgeschichte vom 5.—13. Jahrhundert.) 3., verbesserte Auflage. 1966 (1121)

Deutsches Dichten und Denken vom Mittelalter zur Neuzeit von *G. Müller* (1270 bis 1700). 3., durchgesehene Auflage. 159 Seiten. In Vorbereitung. (1086)

Deutsches Dichten und Denken von der Aufklärung bis zum Realismus (Deutsche Literaturgeschichte von 1700—1890) von *K. Viëtor †*. 3., durchgesehene Auflage. 159 Seiten. 1958. (1096)

Deutsche Heldensage von *H. Schneider*. 2. Auflage, bearbeitet von *R. Wisniewski*. 148 Seiten. 1964. (32)

Der Nibelunge Nôt in Auswahl mit kurzem Wörterbuch von *K. Langosch*. 11., durchgesehene Auflage. 166 Seiten. 1966. (1)

Kudrun und Dietrich-Epen in Auswahl mit Wörterbuch von *O. L. Jiriczek*. 6. Auflage, bearbeitet von *R. Wisniewski*. 173 Seiten. 1957. (10)

Wolfram von Eschenbach. Parzifal. Eine Auswahl mit Anmerkungen und Wörterbuch von *H. Jantzen*. 3. Auflage, bearbeitet von *H. Kolb*. 128 Seiten. 1966. (921)

Hartmann von Aue. Der arme Heinrich nebst einer Auswahl aus der „Klage" dem „Gregorius" und den Liedern (mit einem Wörterverzeichnis) herausgegeben von *F. Maurer*. 96 Seiten. 1958. (18)

Gottfried von Straßburg. Tristan und Isolde in Auswahl herausgegeben von *F. Maurer*. 2. Auflage. 142 Seiten. 1965. (22)

Die deutschen Personennamen von *M. Gottschald †*. 2., verbesserte Auflage. 151 Seiten. 1955. (422)

Althochdeutsches Elementarbuch. Grammatik und Texte von *H. Naumann †* und *W. Betz*. 4., verbesserte und vermehrte Auflage. 183 Seiten. 1966. In Vorbereitung. (1111/1111 a)

Mittelhochdeutsche Grammatik von *H. de Boor* und *R. Wisniewski*. 4., verbesserte und ergänzte Auflage. 150 Seiten. 1965. (1108)

Indogermanisch, Germanisch

Indogermanische Sprachwissenschaft von *H. Krahe*. 2 Bände. 4., überarbeitete Auflage.
- I: Einleitung und Lautlehre. 110 Seiten. 1962. (59)
- II: Formenlehre. 100 Seiten. 1963. (64)

Sanskrit-Grammatik mit sprachvergleichenden Erläuterungen von *M. Mayrhofer*. 2., völlig neu bearbeitete Auflage. 110 Seiten. 1965. (1158/1158a)

Gotisches Elementarbuch. Grammatik. Texte mit Übersetzung und Erläuterungen von *H. Hempel*. 4., neubearbeitete Auflage. 166 Seiten. 1966. (79/79a)

Altnordisches Elementarbuch. Einführung, Grammatik, Texte (zum Teil mit Übersetzung) und Wörterbuch von *F. Ranke*. 3., völlig umgearb. Auflage von *D. Hofmann*. Etwa 180 Seiten. 1966. Im Druck. (1115/1115a)

Germanische Sprachwissenschaft von *H. Krahe*. 3 Bände.
- I: Einleitung und Lautlehre. 5., überarbeitete Auflage. 147 Seiten. 1963. (238)
- II: Formenlehre. 5., verbesserte Auflage. 149 Seiten. 1965. (780)
- III: Wortbildungslehre von *W. Meid*. Etwa 240 Seiten. 1966. (1218/1218a/1218b)

Englisch, Romanisch

Altenglisches Elementarbuch. Einführung, Grammatik, Texte mit Übersetzung und Wörterbuch von *M. Lehnert*. 6., verbesserte Auflage. 178 Seiten. 1965. (1125)

Historische neuenglische Laut- und Formenlehre von *E. Ekwall*. 4., verbesserte Auflage. 150 Seiten. 1965. (735)

Englische Phonetik von *H. Mutschmann †*. 2. Auflage, bearbeitet von *G. Scherer*. 127 Seiten. 1963. (601)

Englische Literaturgeschichte von *F. Schubel*. 4 Bände.
- I: Die alt- und mittelenglische Periode. 163 Seiten. 1954. (1114)
- II: Von der Renaissance bis zur Aufklärung. 160 Seiten. 1956. (1116)
- III: Romantik und Viktorianismus. 160 Seiten. 1960. (1124)

Beowulf von *M. Lehnert.* Eine Auswahl mit Einführung, teilweiser Übersetzung, Anmerkungen und etymologischem Wörterbuch. 3., verbesserte Auflage. 135 Seiten. 1959. (1135)

Shakespeare von *P. Meißner †.* 2. Auflage, neubearbeitet von *M. Lehnert.* 136 Seiten. 1954. (1142)

Romanische Sprachwissenschaft von *H. Lausberg.* 4 Bände.
- I: Einleitung und Vokalismus. 2., durchgesehene Auflage. 211 Seiten. 1963. (128/128a)
- II: Konsonantismus. 2. Auflage. In Vorbereitung. (250)
- III: Formenlehre. 1. Teil. 99 Seiten. 1962. (1199)
- III: Formenlehre. 2. Teil. S. 99—260. 1962. (1200/1200a)
- IV: Wortlehre. In Vorbereitung. (1208)

Griechisch, Lateinisch

Griechische Sprachwissenschaft von *W. Brandenstein.* 3 Bände.
- I: Einleitung, Lautsystem, Etymologie. 160 Seiten. 1954. (117)
- II: Wortbildung und Formenlehre. 192 Seiten. 1959. (118/118a)
- III: Syntax I. Einleitung. Die Flexibilien. 145 Seiten. 1966. (924/924a)

Geschichte der griechischen Sprache. 2 Bände
- I: Bis zum Ausgang der klassischen Zeit von *O. Hoffmann †.* 3. Auflage, bearbeitet von *A. Debrunner †.* 156 Seiten. 1953. (111)
- II: Grundfragen und Grundzüge des nachklassischen Griechisch von *A. Debrunner †.* 144 Seiten. 1954. (114)

Geschichte der griechischen Literatur von *W. Nestle.* 2 Bände. 3. Auflage, bearbeitet von *W. Liebich.*
- I: 144 Seiten. 1961. (70)
- II: 149 Seiten. 1963. (557)

Grammatik der neugriechischen Volkssprache von *J. Kalitsunakis.* 3., wesentlich erweiterte und verbesserte Auflage. 196 Seiten. 1963. (756/756a)

Neugriechisch-deutsches Gesprächsbuch von *J. Kalitsunakis.* 2. Auflage, bearbeitet von *A. Steinmetz.* 99 Seiten. 1960. (587)

Geschichte der lateinischen Sprache von *F. Stolz* und *A. Debrunner †.* 4. Auflage, bearbeitet von *W. P. Schmid.* 1966. In Vorbereitung. (492/492a/708b)

Geschichte der römischen Literatur von *L. Bieler.* 2., verbesserte Auflage. 2 Bände.
- I: Die Literatur der Republik. 160 Seiten. 1965. (52)
- II: Die Literatur der Kaiserzeit. 133 Seiten. 1965. (866)

Orientalistik, Slavische Sprachen

Die Keilschrift von *B. Meissner.* 3. Auflage, neubearbeitet von *K. Oberhuber.* Etwa 150 Seiten. 1966. (708/708a/708b)

Die Hieroglyphen von *A. Erman.* 3. Auflage, neu bearbeitet von *O. Krückmann.* 1966. In Vorbereitung. (608/608a/608b)

Hebräische Grammatik von *R. Meyer*. 3 Bände.
I: Einleitung, Schrift- und Lautlehre. 3., neubearbeitete Auflage. 120 Seiten. 1966. (763/763a/763b)
II: Formenlehre und Flexionstabellen. 3. Auflage. In Vorbereitung. (764/764a/764b)
III: Satzlehre. In Vorbereitung (765/765a/765b)
Hebräisches Textbuch zu *G. Beer-R. Meyer*, Hebräische Grammatik von *R. Meyer*. 170 Seiten. 1960. (769/769a)
Slavische Sprachwissenschaft von *H. Bräuer*. 2 Bände.
I: Einleitung, Lautlehre. 221 Seiten. 1961. (1191/1191a)
Vergleichende Geschichte der slavischen Literaturen von *D. Tschiżewskij*. 2 Bände. 1966. In Vorbereitung.
I: Einführung. Anfänge des slavischen Schrifttums bis zum Klassizismus. (1222)
II: Romantik bis zur Moderne. (1223)
Russische Grammatik von *E. Berneker †*. 6., verbesserte Auflage von *M. Vasmer †*. 155 Seiten. 1961. (66)
Polnische Grammatik von *N. Damerau*. Etwa 140 Seiten. 1966. (942/942a)

Erd- und Länderkunde, Kartographie

Afrika von *F. Jaeger*. Ein geographischer Überblick. 2 Bände. 3. Auflage.
I: Der Lebensraum. 179 Seiten, 18 Abbildungen. In Vorbereitung. (910)
II: Mensch und Kultur. 155 Seiten, 6 Abbildungen. In Vorbereitung. (911)
Australien und Ozeanien von *H. J. Krug*. 176 Seiten, 46 Skizzen. 1953. (319)
Kartographie von *V. Heissler*. 2. Auflage. 213 Seiten, 125 Abb., 8 Anlagen. 1966. (30/30a)

Volkswirtschaft, Statistik, Publizistik

Allgemeine Betriebswirtschaftslehre von *K. Mellerowicz*. 4 Bände. 11. und 12., durchgesehene Auflage.
I: 224 Seiten. 1964. (1008/1008a)
II: 188 Seiten. 1966. (1153/1153a)
III: 260 Seiten. 1963. (1154/1154a)
IV: 209 Seiten. 1963. (1186/1186a)
Allgemeine Volkswirtschaftslehre von *A. Paulsen*. 4 Bände.
I: Grundlegung, Wirtschaftskreislauf. 7. Auflage. 159 Seiten. 11 Abbildungen. 1966. (1169)
II: Haushalte, Unternehmungen, Marktformen. 7. Auflage. 172 Seiten. 31 Abbildungen. 1966. (1170)
III: Produktionsfaktoren. 4. Auflage. 198 Seiten, 24 Abbildungen. 1965. (1171)
IV: Gesamtbeschäftigung, Konjunkturen, Wachstum. 4., neubearbeitete und ergänzte Auflage. 188 Seiten. 1966. (1172)

Geschichte der Volkswirtschaftslehre von *S. Wendt.* 182 S. 1961. (1194)
Allgemeine Volkswirtschaftspolitik von *H. Ohm.* 2 Bände.
I: Systematisch-Theoretische Grundlegung. 2., verbesserte und ergänzte Auflage. 137 Seiten, 6 Abbildungen. 1965. (1195)
II: Der volkswirtschaftliche Gesamtorganismus als Objekt der Wirtschaftspolitik. In Vorbereitung. (1196)
Finanzwissenschaft von *H. Kolms.* 4 Bände.
I: Grundlegung, Öffentliche Ausgaben. 3., verbesserte Auflage. 159 Seiten. 1966. (148)
II: Erwerbseinkünfte, Gebühren und Beiträge, Allgemeine Steuerlehre. 3., verbesserte Auflage. 148 Seiten. 1966. In Vorbereitung (391)
III: Besondere Steuerlehre. 178 Seiten. 1962. (776)
IV: Öffentlicher Kredit. Öffentlicher Haushalt. Finanzausgleich. 191 Seiten. 1964. (782/782a)
Finanzmathematik von *M. Nicolas.* 192 Seiten, 11 Tafeln, 8 Tabellen und 72 Beispiele. 1959. (1183/1183a)
Buchhaltung und Bilanz von *E. Kosiol.* 170 Seiten. 1964. (1213/1213a)
Industrie- und Betriebssoziologie von *R. Dahrendorf.* 3. Auflage. 142 Seiten, 3 Figuren. 1965. (103)
Wirtschaftssoziologie von *F. Fürstenberg.* 122 Seiten. 1961. (1193)
Psychologie des Berufs- und Wirtschaftslebens von *W. Moede†.* 190 Seiten, 48 Abbildungen. 1958. (851/851a)
Einführung in die Arbeitswissenschaft von *H. H. Hilf.* 169 Seiten, 57 Abbildungen. 1964. (1212/1212a)
Allgemeine Methodenlehre der Statistik von *J. Pfanzagl.* 2 Bände.
I: Elementare Methoden unter besonderer Berücksichtigung der Anwendungen in den Wirtschafts- und Sozialwissenschaften. 3., neubearbeitete Auflage. 266 Seiten, 50 Abbildungen. 1966. (746/746a)
II: Höhere Methoden unter besonderer Berücksichtigung der Anwendungen in Naturwissenschaften, Medizin und Technik. 2., verbesserte Auflage. 315 Seiten, 41 Abbildungen. 1966. (747/747a)
Zeitungslehre von *E. Dovifat.* 2 Bände. 4., neubearbeitete Auflage.
I: Theoretische und rechtliche Grundlagen — Nachricht und Meinung — Sprache und Form. 149 Seiten. 1962. (1039)
II: Redaktion — Die Sparten: Verlag und Vertrieb, Wirtschaft und Technik — Sicherung der öffentlichen Aufgabe. 168 Seiten. 1962. (1040)

Naturwissenschaften

Mathematik

Geschichte der Mathematik von *J. E. Hofmann.* 4 Bände.
I: Von den Anfängen bis zum Auftreten von Fermat und Descartes. 2., verbesserte und vermehrte Auflage. 251 Seiten. 1963. (226/226a)
II: Von Fermat und Descartes bis zur Erfindung des Calculus und bis zum Ausbau der neuen Methoden. 109 Seiten. 1957. (875)
III: Von den Auseinandersetzungen um den Calculus bis zur französischen Revolution. 107 Seiten. 1957. (882)
IV: Geschichte der Mathematik der neuesten Zeit von *N. Stuloff.* In Vorbereitung. (883)

Mathematische Formelsammlung von *F. O. Ringleb.* 8., erweiterte Auflage. Etwa 320 Seiten. 40 Figuren. 1966. (51/51a)

Vierstellige Tafeln und Gegentafeln für logarithmisches und trigonometrisches Rechnen in zwei Farben zusammengestellt von *H. Schubert* und *R. Haussner.* 3., neubearbeitete Auflage von *J. Erlebach.* 158 Seiten. 1960. (81)

Fünfstellige Logarithmen mit mehreren graphischen Rechentafeln und häufig vorkommenden Zahlenwerten von *A. Adler.* 4. Auflage, überarbeitet von *J. Erlebach.* 127 Seiten, 1 Tafel. 1962. (423)

Arithmetik von *P. B. Fischer†.* 3. Auflage von *H. Rohrbach.* 152 Seiten, 19 Abbildungen. 1958. (47)

Höhere Algebra von *H. Hasse.* 2 Bände.
I: Lineare Gleichungen. 5., neubearbeitete Auflage. 150 Seiten. 1963. (931)
II: Gleichungen höheren Grades. 4., durchgesehene Auflage. 158 Seiten, 5 Figuren. 1958. (932)

Aufgabensammlung zur höheren Algebra von *H. Hasse* und *W. Klobe.* 3., verbesserte Auflage. 183 Seiten. 1961. (1082)

Elementare und klassische Algebra vom modernen Standpunkt von *W. Krull.* 2 Bände.
I: 3., erweiterte Auflage. 148 Seiten. 1963. (930)
II: 132 Seiten. 1959. (933)

Lineare Programmierung von *H. Langen.* Etwa 200 Seiten. (1206/1206a)

Algebraische Kurven und Flächen von *W. Burau.* 2 Bände.
I: Algebraische Kurven der Ebene. 153 Seiten, 28 Abbildungen. 1962. (435)
II: Algebraische Flächen 3. Grades und Raumkurven 3. und 4. Grades. 162 Seiten, 17 Abbildungen. 1962. (436/436a)

Einführung in die Zahlentheorie von *A. Scholz†.* Überarbeitet und herausgegeben von *B. Schoeneberg.* 4. Auflage. Etwa 128 Seiten. 1966. (1131)

Formale Logik von *P. Lorenzen.* 2., verbesserte Auflage. Etwa 165 Seiten. 1962. (1176/1176a)

Topologie von *W. Franz.* 2 Bände.
I: Allgemeine Topologie. 2., verbesserte Auflage. 144 Seiten, 9 Figuren. 1965. (1181)
II: Algebraische Topologie. 153 Seiten. 1965. (1182/1182a)

Elemente der Funktionentheorie von *K. Knopp†.* 7. Auflage. 144 Seiten, 23 Figuren. 1966. (1109)

Funktionentheorie von *K. Knopp†.* 2 Bände. 11. Auflage.
I: Grundlagen der allgemeinen Theorie der analytischen Funktionen. 144 Seiten, 8 Figuren. 1965. (668)
II: Anwendungen und Weiterführung der allgemeinen Theorie. 130 Seiten, 7 Figuren. 1965. (703)

Aufgabensammlung zur Funktionentheorie von *K. Knopp†.* 2 Bände.
I: Aufgaben zur elementaren Funktionentheorie. 7. Auflage. 135 Seiten. 1965. (877)
II: Aufgaben zur höheren Funktionentheorie. 6. Auflage 151 Seiten. 1964. (878)

Differential- und Integralrechnung von *M. Barner.* (Früher *Witting*). 4 Bände.
I: Grenzwertbegriff, Differentialrechnung. 2., durchgesehene Auflage. 176 Seiten, 39 Figuren. 1963. (86)

Gewöhnliche Differentialgleichungen von *G. Hoheisel.* 7., neubearbeitete und erweiterte Auflage. 142 Seiten. 1965. (920/920a)

Partielle Differentialgleichungen von *G. Hoheisel.* 4., durchgesehene Auflage. 128 Seiten. 1960. (1003)

Aufgabensammlung zu den gewöhnlichen und partiellen Differentialgleichungen von *G. Hoheisel.* 4., neubearbeitete Auflage. 153 Seiten. 1964. (1059/1059a)

Integralgleichungen von *G. Hoheisel.* 2., neubearbeitete und erweiterte Auflage. 112 Seiten. 1963. (1099)

Mengenlehre von *E. Kamke.* 5. Auflage. 194 Seiten, 6 Figuren. 1965. (999/999a)

Gruppentheorie von *L. Baumgartner.* 4., erweiterte Auflage. 190 Seiten, 3 Tafeln. 1964. (837/837a)

Ebene und sphärische Trigonometrie von *G. Hessenberg†.* 5. Auflage, durchgesehen von *H. Kneser.* 172 Seiten, 60 Figuren. 1957. (99)

Darstellende Geometrie von *W. Haack.* 3 Bände.
I: Die wichtigsten Darstellungsmethoden. Grund- und Aufriß ebenflächiger Körper. 5. Auflage. 113 Seiten 120 Abbildungen. 1965. (142)
II: Körper mit krummen Begrenzungsflächen. Kotierte Projektionen. 4., durchgesehene Auflage. 129 Seiten, 86 Abbildungen. 1965. (143)
III: Axonometrie und Perspektive. 3. Auflage. 129 Seiten, 100 Abbildungen. 1965. (144)

Analytische Geometrie von *K. P. Grotemeyer.* 3., neubearbeitete Auflage. 218 Seiten, 73 Abbildungen. 1964. (65/65a)

Nichteuklidische Geometrie. Hyperbolische Geometrie der Ebene von *R. Baldus†.* 4. Auflage, bearbeitet und ergänzt von *F. Löbell.* 158 Seiten, 75 Figuren. 1964. (970/970a)

Differentialgeometrie von *K. Strubecker*. 3 Bände.
I: Kurventheorie der Ebene und des Raumes. 2., erweiterte Auflage. 253 Seiten, 45 Figuren. 1964. (1113/1113a)
II: Theorie der Flächenmetrik. 195 Seiten, 14 Figuren. 1958. (1179/1179a)
III: Theorie der Flächenkrümmung. 254 Seiten, 38 Figuren. 1959. (1180/1180a)

Variationsrechnung von *L. Koschmieder*. 2 Bände. 2., neubearbeitete Auflage.
I: Das freie und gebundene Extrem einfacher Grundintegrale. 128 Seiten, 23 Figuren. 1962. (1074)
II: Anwendung klassischer Verfahren auf allgemeine Fragen des Extrems. — Neuere unmittelbare Verfahren. In Vorbereitung. (1075)

Einführung in die konforme Abbildung von *L. Bieberbach*. 6. Auflage. Etwa 180 Seiten, 42 Figuren. 1966. In Vorbereitung. (768/768a)

Vektoren und Matrizen von *S. Valentiner*. 3. Auflage. (10., erweiterte Auflage der „Vektoranalysis"). Mit Anhang: Aufgaben zur Vektorrechnung von *H. König*. 206 Seiten, 35 Figuren. 1963. (354/354a)

Wahrscheinlichkeitstheorie und Grundzüge der Maßtheorie von *H. Bauer*. 2 Bände.
I: 154 Seiten. 1964. (1216/1216a)
II: In Vorbereitung. (1217)

Versicherungsmathematik von *F. Böhm*. 2 Bände.
I: Elemente der Versicherungsrechnung. 3., vermehrte und verbesserte Auflage. Durchgesehener Neudruck. 151 Seiten. 1953. (180)
II: Lebensversicherungsmathematik. Einführung in die technischen Grundlagen der Sozialversicherung. 2., verbesserte und vermehrte Auflage. 205 Seiten. 1953. (917/917a)

Finanzmathematik von *M. Nicolas*. 192 Seiten, 11 Tafeln, 8 Tabellen und 72 Beispiele. 1959. (1183/1183a)

Kinematik von *H. R. Müller*. 171 Seiten, 75 Figuren. 1963. (584/584a)

Physik

Einführung in die theoretische Physik von *W. Döring*. 5 Bände.
I: Mechanik. 3., verbesserte Aufl. 125 Seiten, 23 Abb. 1965. (76)
II: Das elektromagnetische Feld. 2., verbesserte Auflage. 132 Seiten, 15 Abbildungen. 1962. (77)
III: Optik. 2., verbesserte Auflage. 117 Seiten, 32 Abbildungen. 1963. (78)
IV: Thermodynamik. 2., verbesserte Auflage. 107 Seiten, 9 Abbildungen. 1964. (374)
V: Statistische Mechanik. 2., verbesserte Auflage. 114 Seiten, 12 Abbildungen. 1966. (1017)

Mechanik deformierbarer Körper von *M. Päsler*. 199 Seiten, 48 Abbildungen. 1960. (1189/1189a)

Atomphysik von *K. Bechert, Ch. Gerthsen†* und *A. Flammersfeld.* 7 Bände. 4., durchgesehene Auflage.
I: Allgemeine Grundlagen. 1. Teil von *A. Flammersfeld.* 124 Seiten, 35 Abbildungen. 1959. (1009)
II: Allgemeine Grundlagen. 2. Teil von *A. Flammersfeld.* 112 Seiten, 47 Abbildungen. 1963. (1033)
III: Theorie des Atombaus. 1. Teil von *K. Bechert.* 148 Seiten, 16 Abbildungen. 1963. (1123/1123a)
IV: Theorie des Atombaus. 2. Teil von *K. Bechert.* 170 Seiten, 14 Abbildungen. 1963. (1165/1165a)

Differentialgleichungen der Physik von *F. Sauter.* 4., durchgesehene und ergänzte Auflage. 148 Seiten, 16 Figuren. 1966. (1070)

Physikalische Formelsammlung von *G. Mahler. †.* Fortgeführt von *K. Mahler.* Neubearbeitet von *H. Graewe.* 11. Auflage. 167 Seiten, 69 Figuren. 1963. (136)

Physikalische Aufgabensammlung mit Ergebnissen von *G. Mahler †.* Fortgeführt von *K. Mahler.* Neubearbeitet von *H. Graewe.* 12. Auflage. 141 Seiten. 1964. (243)

Chemie

Geschichte der Chemie in kurzgefaßter Darstellung von *G. Lockemann.* 2 Bände. 2. Auflage.
I: Vom Altertum bis zur Entdeckung des Sauerstoffs. 142 Seiten, 8 Bildnisse. In Vorbereitung. (264)
II: Von der Entdeckung des Sauerstoffs bis zur Gegenwart. 151 Seiten, 16 Bildnisse. In Vorbereitung (265/265a)

Anorganische Chemie von *W. Klemm.* 13. Auflage. 255 Seiten, 34 Abbildungen. 1964. (37/37a)

Organische Chemie von *W. Schlenk jun.* 10., erweiterte Auflage. 273 Seiten, 16 Abbildungen. 1965. (38/38a)

Physikalische Methoden in der Organischen Chemie von *G. Kresze.* 2 Bände.
I: 119 Seiten, 65 Abbildungen. 1962. (44)
II: 164 Seiten. 1962. (45/45a)

Allgemeine und physikalische Chemie von *W. Schulze.* 2 Bände.
I: 6., verbesserte Auflage. 139 Seiten, 10 Figuren. 1964. (71)
II: 6., verbesserte Auflage. 178 Seiten, 37 Figuren. 1966. (698/698a)

Molekülbau. Theoretische Grundlagen und Methoden der Strukturermittlung von *W. Schulze.* 123 Seiten, 43 Figuren. 1958. (786)

Einfache Versuche zur allgemeinen und physikalischen Chemie von *E. Dehn.* 371 Versuche mit 40 Abbildungen. 272 Seiten. 1962. (1201/1201a)

Physikalisch-chemische Rechenaufgaben von *E. Asmus.* 3., verbesserte Auflage. 96 Seiten. 1958. (445)

Maßanalyse. Theorie und Praxis der klassischen und der elektrochemischen Titrierverfahren von *G. Jander* und *K. F. Jahr.* 10., erweiterte Auflage, mitbearbeitet von *H. Knoll.* 358 Seiten, 56 Figuren. 1963. (221/221a)

Qualitative Analyse von *H. Hofmann* u. *G. Jander*. 2., durchgesehene und verbesserte Auflage. 308 Seiten, 5 Abbildungen. 1963. (247/247a)

Stöchiometrische Aufgabensammlung von *W. Bahrdt†* und *R. Scheer*. Mit den Ergebnissen. 8., durchgesehene Auflage. 119 Seiten. 1964. (452)

Elektrochemie von *K. Vetter*. 2 Bände.
I: In Vorbereitung. (252)
II: In Vorbereitung. (253)

Kristallchemie von *J. Zemann*. Etwa 160 Seiten, 90 Abbildungen. 1966. In Vorbereitung. (1220/1220a)

Technologie

Die Chemie der Kunststoffe von *K. Hamann*, unter Mitarbeit von *W. Funke* und *H. D. Hermann*. 2. Aufl. 143 Seiten. 1966. In Vorbereitung. (1173/1173a)

Warenkunde von *K. Hassak* und *E. Beutel†*. 2 Bände.
I: Anorganische Waren sowie Kohle und Erdöl. 8. Auflage. Neubearbeitet von *A. Kutzelnigg*. 119 Seiten, 18 Figuren. 1958. (222)
II: Organische Waren. 8. Auflage. Vollständig neu bearbeitet von *A. Kutzelnigg*. 157 Seiten, 32 Figuren. 1959. (223)

Die Fette und Öle von *Th. Klug*. 6., verbesserte Auflage. 143 Seiten. 1961. (335)

Die Seifenfabrikation von *K. Braun†*. 3., neubearbeitete und verbesserte Auflage von *Th. Klug*. 116 Seiten, 18 Abbildungen. 1953. (336)

Thermische Verfahrenstechnik von *H. Bock*. 3 Bände.
I: Eigenschaften und Verhalten der realen Stoffe. 164 Seiten, 28 Abbildungen. 1963. (1209/1209a)
II: Funktion und Berechnung der elementaren Geräte. 195 Seiten, 54 Abbildungen. 1964. (1210/1210a)
III: Fließbilder, ihre Funktion und ihr Zusammenbau aus Geräten. 224 Seiten, 67 Abbildungen. 1965. (1211/1211a)

Textilindustrie von *A. Blümcke*.
I: Spinnerei und Zwirnerei. 111 Seiten, 43 Abbildungen. 1954. (184)

Biologie

Einführung in die allgemeine Biologie und ihre philosophischen Grund- und Grenzfragen von *M. Hartmann*. 2., unveränderte Auflage. 132 Seiten, 2 Abbildungen. 1965. (96)

Hormone von *G. Koller*. 2., neubearbeitete und erweiterte Auflage. 187 Seiten, 60 Abbildungen, 19 Tabellen. 1949. (1141)

Fortpflanzung im Tier- und Pflanzenreich von *J. Hämmerling*. 2., ergänzte Auflage. 135 Seiten, 101 Abbildungen. 1951. (1138)

Geschlecht und Geschlechtsbestimmung im Tier- und Pflanzenreich von *M. Hartmann*. 2., verbesserte Auflage. 116 Seiten, 61 Abbildungen, 7 Tabellen. 1951. (1127)

Symbiose der Tiere mit pflanzlichen Mikroorganismen von *P. Buchner.* 2. verbesserte und vermehrte Auflage. 130 Seiten, 121 Abbildungen. 1949. (1128)

Grundriß der allgemeinen Mikrobiologie von *W.* u. *A. Schwartz.* 2 Bände. 2., verbesserte und ergänzte Auflage.
I: 147 Seiten, 25 Abbildungen. 1960. (1155)
II: 142 Seiten, 29 Abbildungen. 1961. (1157)

Botanik

Entwicklungsgeschichte des Pflanzenreiches von *H. Heil.* 2. Auflage. 138 Seiten, 94 Abbildungen, 1 Tabelle. 1950. (1137)

Morphologie der Pflanzen von *L. Geitler.* 3., umgearbeitete Auflage. 126 Seiten, 114 Abbildungen. 1953. (141)

Pflanzengeographie von *L. Diels†.* 5., völlig neu bearbeitete Auflage von *F. Mattick.* 195 Seiten, 2 Karten. 1958. (389/389a)

Die **Laubhölzer.** Kurzgefaßte Beschreibung der in Mitteleuropa gedeihenden Laubbäume und Sträucher von *F. W. Neger†* und *E. Münch†.* 3., durchgesehene Auflage, herausgegeben von *B. Huber.* 143 Seiten, 63 Figuren, 7 Tabellen. 1950. (718)

Die **Nadelhölzer (Koniferen) und übrigen Gymnospermen** von *F. W. Neger†* und *E. Münch†.* 4. Auflage, durchgesehen und er ̨änzt von *B. Huber.* 140 Seiten, 75 Figuren, 4 Tabellen, 3 Karten. 1952. (355)

Pflanzenzüchtung von *H. Kuckuck.* 2 Bände.
I: Grundzüge der Pflanzenzüchtung. 3., völlig umgearbeitete und erweiterte Auflage. 132 Seiten, 22 Abbildungen. 1952. (1134)
II: Spezielle gartenbauliche Pflanzenzüchtung (Züchtung von Gemüse, Obst und Blumen). 178 Seiten, 27 Abbildungen. 1957. (1178/1178a)

Zoologie

Entwicklungsphysiologie der Tiere von *F. Seidel.* 2 Bände.
I: Ei und Furchung. 2. Auflage. Etwa 160 Seiten, 61 Abbildungen. 1966. (1162)
II: Körpergrundgestalt und Organbildung. 2. Auflage. In Vorbereitung (1163)

Vergleichende Physiologie der Tiere von *K. Herter.* 2 Bände. 4. Auflage der „Tierp ysiologie".
I: Stoff- und Energiewechsel. Neu bearbeitet von *K. Urich.* 158 Seiten, 61 Abbildungen. 1966. (972/972a)
II: Bewegung und Reizerscheinungen. Neu bearbeitet von *G. Birukow.* In Vorbereitung. (973)

Das Tierreich
I: Einzeller, Protozoen von *E. Reichenow.* 115 Seiten. 59 Abbildungen. 1956. (444)
II: Schwämme und Hohltiere von *H. J. Hannemann.* 95 Seiten, 80 Abbildungen. 1956. (442)

III: Würmer. Platt-, Hohl-, Schnurwürmer, Kamptozoen, Ringelwürmer, Protracheaten, Bärtierchen, Zungenwürmer von *S. Jaeckel*. 114 Seiten, 36 Abbildungen. 1955. (439)
IV, 1: Krebse von *H. E. Gruner* und *K. Deckert*. 114 Seiten, 43 Abbildungen. 1956. (443)
IV, 2: Spinnentiere (Trilobitomorphen, Fühlerlose) und Tausendfüßler von *A. Kaestner*. 96 Seiten, 55 Abbildungen. 1955. (1161)
IV, 3: Insekten von *H. von Lengerken*. 2., verbesserte Auflage. 140 Seiten, 59 Abbildungen. 1966. (594)
V: Weichtiere. Urmollusken, Schnecken, Muscheln und Kopffüßer von *S. Jaeckel*. 92 Seiten. 34 Figuren. 1954. (440)
VI: Stachelhäuter. Tentakulaten, Binnenatmer und Pfeilwürmer von *S. Jaeckel*. 100 Seiten, 46 Abbildungen. 1955. (441)
VII, 1: Manteltiere, Schädellose, Rundmäuler von *Th. Haltenorth*. In Vorbereitung. (448)
VII, 2: Fische von *D. Lüdemann*. 130 Seiten, 65 Abbildungen. 1955. (356)
VII, 3: Lurche (Chordatiere) von *K. Herter*. 143 Seiten, 129 Abbildungen. 1955. (847)
VII, 4: Kriechtiere (Chordatiere) von *K. Herter*. 200 Seiten, 142 Abbildungen. 1960. (447/447a)
VII, 5: Vögel (Chordatiere) von *H.-A. Freye*. 156 Seiten, 69 Figuren. 1960. (869)
VII, 6: Säugetiere (Chordatiere) von *Th. Haltenorth*. In Vorbereitung. (282)

Land- und Forstwirtschaft

Landwirtschaftliche Tierzucht. Die Züchtung und Haltung der landwirtschaftlichen Nutztiere von *H. Vogel*. 139 Seiten, 11 Abbildungen. 1952. (228)

Kulturtechnische Bodenverbesserungen von *O. Fauser*. 2 Bände. 5., verbesserte und vermehrte Auflage.
I: Allgemeines, Entwässerung. 127 Seiten, 49 Abbildungen. 1959. (691)
II: Bewässerung, Ödlandkultur, Flurbereinigung. 159 Seiten, 71 Abbildungen. 1961. (692)

Agrikulturchemie von *K. Scharrer*. 2 Bände.
I: Pflanzenernährung. 143 Seiten. 1953. (329)
II: Futtermittelkunde. 192 Seiten. 1956. (330/330a)

Geologie, Mineralogie, Kristallographie

Geologie von *F. Lotze*. 3., verbesserte Auflage. 179 Seiten, 80 Abbildungen. 1965. (13/13a)

Mineral- und Erzlagerstättenkunde von *H. Huttenlocher †*. 2 Bände. 2., neubearbeitete Auflage von *P. Ramdohr*.
I: 137 Seiten, 40 Abbildungen, 2 Tabellen. 1965. (1014/1014a)
II: 135 Seiten, 41 Abbildungen. 1965. (1015/1015a)

Allgemeine Mineralogie. 11., erweiterte Auflage der „Mineralogie" von *R. Brauns †*, neubearbeitet von *K. F. Chudoba*. 152 Seiten, 143 Textfiguren, 1 Tafel, 3 Tabellen. 1963. (29/29a)

Spezielle Mineralogie. 11., erweiterte Auflage der „Mineralogie" von *R. Brauns †*, bearbeitet von *K. F. Chudoba*. 193 Seiten, 127 Textfiguren, 6 Tabellen. 1964. (31/31a)

Petrographie (Gesteinskunde) von *W. Bruhns †*. Neubearbeitet von *P. Ramdohr* 6., erweiterte Auflage. Etwa 141 Seiten, 21 Figuren. 1966. (173)

Kristallchemie von *J. Zemann*. Etwa 160 Seiten, 90 Abbildungen. 1966. (1220/1220a)

Kristallographie von *W. Bruhns †*. 6. Auflage, neubearbeitet von *P. Ramdohr*. 115 Seiten, 164 Abbildungen. 1965. (210)

Einführung in die Kristalloptik von *E. Buchwald*. 5., verbesserte Auflage. 128 Seiten, 117 Figuren. 1963. (619/619a)

Lötrohrprobierkunde. Mineraldiagnose mit Lötrohr und Tüpfelreaktion von *M. Henglein*. 4., durchgesehene und erweiterte Auflage. 108 Seiten, 12 Figuren. 1962. (483)

Technik

Graphische Darstellung in Wissenschaft und Technik von *M. Pirani.* 3., erweiterte Auflage bearbeitet von *J. Fischer* unter Benutzung der von *I. Runge* besorgten 2. Auflage. 216 Seiten, 104 Abbildungen. 1957. (728/728a)

Technische Tabellen und Formeln von *W. Müller.* 5., verbesserte und erweiterte Auflage von *E. Schulze.* 165 Seiten, 114 Abbildungen, 99 Tafeln. 1962. (579)

Einführung in die Arbeitswissenschaft von *H. H. Hilf.* 164 Seiten, 57 Abbildungen. 1964. (1212/1212a)

Grundlagen der Straßenverkehrstechnik. Theorie der Leistungsfähigkeit von *E. Engel.* 101 Seiten, 55 Abbildungen. 1962. (1198)

Elektrotechnik

Grundlagen der allgemeinen Elektrotechnik von *O. Mohr.* 3. Auflage. 260 Seiten, 136 Bilder, 14 Tafeln. 1965. (196/196a)

Die Gleichstrommaschine von *K. Humburg.* 2 Bände. 2., durchgesehene Auflage.
- I: 102 Seiten, 59 Abbildungen. 1956. (257)
- II: 101 Seiten, 38 Abbildungen. 1956. (881)

Die Synchronmaschine von *W. Putz.* 92 Seiten, 64 Bilder. 1962. (1146)

Induktionsmaschinen von *F. Unger.* 2., erweiterte Auflage. 142 Seiten, 49 Abbildungen. 1954. (1140)

Die komplexe Berechnung von Wechselstromschaltungen von *H. H. Meinke.* 3., neubearb. Aufl. 185 S., 126 Abb. 1965. (1156/1156a)

Theoretische Grundlagen zur Berechnung der Schaltgeräte von *F. Kesselring.* 4. Auflage. In Vorbereitung. (711)

Einführung in die Technik selbsttätiger Regelungen von *W. zur Megede.* 3., durchgesehene Aufl. 180 S., 86 Abb. 1966. In Vorb. (714/714a)

Elektromotorische Antriebe (Grundlagen für die Berechnung) von *A. Schwaiger.* 4., neubearbeitete Auflage. In Vorbereitung. (827)

Überspannungen und Überspannungsschutz von *G. Frühauf.* Durchgesehener Neudruck. 122 Seiten, 98 Abbildungen. 1950. (1132)

Elektrische Höchstspannungs-Schaltanlagen. Für Freiluft und Innenanordnung von *G. Meiners* und *K.-H. Wiesenewsky.* 138 Seiten, 58 Abbildungen. 1964. (796/796a)

Transformatoren von *W. Schäfer.* 4., überarbeitete und ergänzte Auflage. 130 Seiten, 73 Abbildungen. 1962. (952)

Maschinenbau

Thermische Verfahrenstechnik von *H. Bock.* 3 Bände.
- I: Eigenschaften und Verhalten der realen Stoffe. 164 Seiten, 28 Abbildungen. 1963. (1209/1209a)
- II: Funktion und Berechnung der elementaren Geräte. 195 Seiten, 54 Abbildungen. 1964. (1210/1210a)
- III: Fließbilder, ihre Funktion und ihr Zusammenbau aus Geräten. 224 Seiten, 67 Abbildungen. 1965. (1211/1211a)

Technische Thermodynamik von *U. Grigull.* Mit 74 Abbildungen, 7 Tabellen. 1966. In Vorbereitung (1084/1084a)

Metallkunde von *H. Borchers.* 3 Bände.
I: Aufbau der Metalle und Legierungen. 6. Auflage. 120 Seiten, 90 Abbildungen, 2 Tabellen. 1964. (432)
II: Eigenschaften, Grundzüge der Form- und Zustandsgebung. 5., ergänzte und durchgesehene Auflage. 182 Seiten, 107 Abbildungen, 10 Tabellen. 1963. (433/433a)
III: Die metallkundlichen Untersuchungsmethoden von *E. Hanke.* In Vorbereitung (434)

Die Werkstoffe des Maschinenbaues von *A. Thum †* und *C. M. v. Meysenbug.* 2 Bände.
I: Einführung in die Werkstoffprüfung. 2., neubearbeitete Auflage. 100 Seiten, 7 Tabellen, 56 Abbildungen. 1956. (476)
II: Die Konstruktionswerkstoffe. 132 Seiten, 40 Abbildungen. 1959. (936)

Dynamik von *W. Müller.* 2 Bände. 2., verbesserte Auflage.
I: Dynamik des Einzelkörpers. 128 Seiten, 48 Figuren. 1952. (902)
II: Systeme von starren Körpern. 102 Seiten, 41 Figuren. 1952. (903)

Technische Schwingungslehre von *L. Zipperer.* 2 Bände. 2., neubearbeitete Auflage.
I: Allgemeine Schwingungsgleichungen, einfache Schwinger. 120 Seiten, 101 Abbildungen. 1953. (953)
II: Torsionsschwingungen in Maschinenanlagen. 102 Seiten, 59 Abbildungen. 1955. (961/961a)

Werkzeugmaschinen für Metallbearbeitung von *K. P. Matthes.* 2 Bände.
I: 100 Seiten, 27 Abbildungen, 11 Zahlentafeln, 1 Tafelanhang. 1954. (561)
II: Fertigungstechnische Grundlagen der neuzeitlichen Metallbearbeitung. 101 Seiten, 30 Abbildungen, 5 Tafeln. 1955. (562)

Das Maschinenzeichnen mit Einführung in das Konstruieren von *W. Tochtermann.* 2 Bände. 4. Auflage.
I: Das Maschinenzeichnen. 156 Seiten, 75 Tafeln. 1950. (589)
II: Ausgeführte Konstruktionsbeispiele. 130 Seiten, 58 Tafeln. 1950. (590)

Die Maschinenelemente von *E. A. vom Ende †.* 4., überarbeitete Auflage. 184 Seiten, 179 Figuren, 11 Tafeln. 1963. (3/3a)

Die Maschinen der Eisenhüttenwerke von *L. Engel.* 156 Seiten, 95 Abbildungen. 1957. (583/583a)

Walzwerke von *H. Sedlaczek †* unter Mitarbeit von *F. Fischer* und *M. Buch.* 232 Seiten, 157 Abbildungen. 1958. (580/580a)

Getriebelehre von *P. Grodzinski †.* 2 Bände. 3., neubearbeitete Auflage von *G. Lechner.*
I: Geometrische Grundlagen. 164 S., 131 Fig. 1960. (1061)
II: Angewandte Getriebelehre. In Vorbereitung. (1062)

Kinematik von *H. R. Müller.* 171 Seiten, 75 Figuren. 1963. (584/584a)

Gießereitechnik von *H. Jungbluth.* 2 Bände.
I: Eisengießerei. 126 Seiten, 44 Abbildungen. 1951. (1159)

Die Dampfkessel einschließlich Feuerungen und Hilfseinrichtungen. Physikalische und chemische Grundlagen, Berechnung und Konstruktion, Vorschriften und Beispiele von *W. Marcard.* 3., neubearbeitete Auflage von *G. Beyer.* 2 Bände.
- I: Physikalische und chemische Grundlagen, Wärmelehre, Wärmeübertragung, Verbrennung. 133 Seiten, 35 Bilder, 26 Tabellen. 1964. (9/9a)
- II: Berechnung und Konstruktion, Dampfkessel, Hilfseinrichtungen. Feuerungen, Berechnungen. Etwa 120 Seiten, 45 Bilder. 1966. (521/521a)

Die Dampfturbinen. Ihre Wirkungsweise, Berechnung und Konstruktion von *C. Zietemann.* 3 Bände.
- I: Theorie der Dampfturbinen. 4. Auflage. 139 Seiten, 48 Abbildungen. 1966. In Vorbereitung. (274)
- II: Die Berechnung der Dampfturbinen und die Konstruktion der Einzelteile. 4., verbesserte Auflage. 132 Seiten, 111 Abbildungen. 1966. In Vorbereitung. (715)
- III: Die Regelung der Dampfturbinen, die Bauarten, Turbinen für Sonderzwecke, Kondensationsanlagen. 3., verbesserte Auflage. 126 Seiten, 90 Abbildungen. 1956. (716)

Verbrennungsmotoren von *W. Endres.* 3 Bände.
- I: Überblick. Motor-Brennstoffe. Verbrennung im Motor allgemein, im Otto- und Diesel-Motor. 153 Seiten, 57 Abbildungen. 1958. (1076, 1076a)
- II: Gaswechselvorgang. Aufladen. Leistung, mittl. Druck, Reibung. Wirkungsgrade und Kraftstoffverbrauch. Etwa 170 Seiten, 61 Abbildungen. 1966. (1184/1184a)
- III: Die Einzelteile des Verbrennungsmotors. In Vorbereitung. (1185/1185a)

Autogenes Schweißen und Schneiden von *H. Niese.* 5. Auflage, neubearbeitet von *A. Küchler.* 136 Seiten, 71 Figuren. 1953. (499)

Die elektrischen Schweißverfahren von *H. Niese.* 2. Auflage, neubearbeitet von *H. Dienst.* 136 Seiten, 58 Abbildungen. 1955. (1020)

Die Hebezeuge. Entwurf von Winden und Kranen von *G. Tafel.* 2., verbesserte Auflage. 176 Seiten, 230 Figuren. 1954. (414/414a)

Vermessungswesen

Vermessungskunde von *W. Großmann.* 3 Bände.
- I: Stückvermessung und Nivellieren. 12., verbesserte Auflage. 156 Seiten, 122 Figuren. 1965. (468)
- II: Horizontalaufnahmen und ebene Rechnungen. 9., verbesserte Auflage. 136 Seiten, 101 Figuren. 1963. (469)
- III: Trigonometrische und barometrische Höhenmessung. Tachymetrie und Absteckungen. 8., verbesserte Auflage. 140 Seiten, 102 Figuren. 1965. (862)

Kartographie von *V. Heissler.* 2. Auflage. 213 Seiten, 125 Abb., 8 Anlagen. 1966. (30/30a)

Photogrammetrie von *G. Lehmann.* 2., verbesserte und erweiterte Auflage. 205 Seiten, 136 Abbildungen. 1966. (1188/1188a)

Wasserbau

Wasserkraftanlagen von *A. Ludin* unter Mitarbeit von *W. Borkenstein*. 2 Bände.
I: Planung, Grundlagen und Grundzüge. 124 Seiten, 60 Abbildungen. 1955. (665)
II: Anordnung und Ausbildung der Hauptbauwerke. 184 Seiten, 91 Abbildungen. 1958. (666/666a)

Verkehrswasserbau von *H. Dehnert*. 3 Bände.
I: Entwurfsgrundlagen, Flußregelungen. 103 Seiten, 53 Abbildungen. 1950. (585)
II: Flußkanalisierung und Schiffahrtskanäle. 94 Seiten, 60 Abbildungen. 1950. (597)
III: Schleusen und Hebewerke. 98 Seiten, 70 Abbildungen. 1950. (1152)

Wehr- und Stauanlagen von *H. Dehnert*. 134 Seiten, 90 Abbildungen. 1952. (965)

Talsperren von *F. Tölke*. 122 Seiten, 70 Abbildungen. 1953. (1044)

Hoch- und Tiefbau

Die wichtigsten Baustoffe des Hoch- und Tiefbaus von *O. Graf †*. 4., verbesserte Auflage. 131 Seiten, 63 Abbildungen. 1953. (984)

Baustoffverarbeitung und Baustellenprüfung des Betons von *A. Kleinlogel*. 2., neubearbeitete und erweiterte Auflage. 126 Seiten, 35 Abbildungen. 1951. (978)

Festigkeitslehre. 2 Bände.
I: Elastizität, Plastizität und Festigkeit der Baustoffe und Bauteile von *W. Gehler †* und *W. Herberg*. Durchgesehener und erweiterter Neudruck. 159 Seiten, 118 Abbildungen. 1952. (1144)
II: Formänderung, Platten, Stabilität und Bruchhypothesen von *W. Herberg* und *N. Dimitrov*. 187 Seiten, 94 Abbildungen. 1955. (1145/1145a)

Grundlagen des Stahlbetonbaues von *A. Troche*. 2., neubearbeitete und erweiterte Auflage. 208 Seiten, 75 Abbildungen, 17 Bemessungstafeln, 20 Rechenbeispiele. 1953. (1078)

Statik der Baukonstruktionen von *A. Teichmann*. 3 Bände.
I: Grundlagen. 101 Seiten, 51 Abbildungen, 8 Formeltafeln. 1956. (119)
II: Statisch bestimmte Stabwerke. 107 Seiten, 52 Abbildungen, 7 Tafeln. 1957. (120)
III: Statisch unbestimmte Systeme. 112 Seiten, 34 Abbildungen, 7 Formeltafeln. 1958. (122)

Fenster, Türen, Tore aus Holz und Metall. Eine Anleitung zu ihrer guten Gestaltung, wirtschaftlichen Bemessung und handwerksgerechten Konstruktion von *W. Wickop †*. 5. Auflage geplant. (1092)

Heizung und Lüftung von *W. Körting*. 2 Bände. 9., neubearbeitete Auflage.
I: Das Wesen und die Berechnung der Heizungs- und Lüftungsanlagen. 171 Seiten, 29 Abbildungen, 36 Zahlentafeln. 1962. (342/342a)
II: Die Ausführung der Heizungs- und Lüftungsanlagen. 1966. In Vorbereitung. (343)

Industrielle Kraft- und Wärmewirtschaft von *F. A. F. Schmidt* und *A. Beckers*. 167 Seiten, 73 Abbildungen. 1957. (318/318a)

Sammlung Göschen / Bandnummernfolge

1 Langosch, Der Nibelunge Nôt
3/3a v. Ende, Maschinenelemente
9/9a Marcard-Beyer, Dampfkessel I
10 Jiriczek-Wisniewski, Kudrun und Dietrich-Epen
13/13a Lotze, Geologie
18 Maurer, Hartmann von Aue, Der arme Heinrich
19 Altheim, Römische Geschichte I
20 Hofstaetter, Dt. Sprachlehre
22 Maurer, Gottfried von Strassburg
29/29a Brauns-Chudoba, Allgemeine Mineralogie
30/30a Heissler, Kartographie
31/31a Brauns-Chudoba, Spezielle Mineralogie
32 Schneider-Wisniewski, Deutsche Heldensage
35 Treue, Dt. Geschichte von 1648—1740
37/37a Klemm, Anorganische Chemie
38/38a Schlenk, Organische Chemie
39 Treue, Dt. Geschichte von 1713—1806
42 Behn-Hoernes, Vorgeschichte Europas
44 Kresze, Physikalische Methoden in der Organischen Chemie I
45/45a Kresze, Physikalische Methoden in der Organischen Chemie II
47 Fischer-Rohrbach, Arithmetik
51/51a Ringleb, Mathem. Formelsammlung
52 Bieler, Röm. Literaturgesch. I
59 Krahe, Indog. Sprachwiss. I
60 Biehle, Stimmkunde
61 Biehle, Redetechnik
64 Krahe, Indog. Sprachwiss. II
65/65a Grotemeyer, Analyt. Geometrie
66 Berneker-Vasmer, Russische Grammatik
70 Nestle-Liebich, Gesch. d. griechischen Literatur I
71 Schulze, Allgemeine und physikalische Chemie I
76 Döring, Einf. i. d. th. Physik I
77 Döring, Einf. i. d. th. Physik II
78 Döring, Einf. i. d. th. Physik III
79/79a Hempel, Got. Elementarbuch
80 Weigert, Stilkunde I
81 Schubert-Haussner-Erlebach Vierstell. Logarithmentafeln
86 Barner, Differential- u. Integralrechnung I
96 Hartmann, Einf. in die allgem. Biologie

99 Hessenberg-Kneser, Ebene und sphär. Trigonometrie
101 v. Wiese, Soziologie
103 Dahrendorf, Industrie- und Betriebssoziologie
104/104a Hofstätter, Sozialpsychologie
111 Hoffmann-Debrunner, Gesch. der griechischen Sprache I
114 Debrunner, Gesch. der griechischen Sprache II
117 Brandenstein, Griechische Sprachwissenschaft I
118/118a Brandenstein, Griechische Sprachwissenschaft II
119 Teichmann, Statik der Baukonstruktionen I
120 Teichmann, Statik der Baukonstruktionen II
122 Teichmann, Statik der Baukonstruktionen III
128/128a Lausberg, Romanische Sprachwissenschaft I
136 Mahler-Graewe, Physikal. Formelsammlung
141 Geitler, Morphologie der Pflanzen
142 Haack, Darst. Geometrie I
143 Haack, Darst. Geometrie II
144 Haack, Darst. Geometrie III
145/145a Weimer, Gesch. der Pädagogik
148 Kolms, Finanzwissenschaft I
156/156a Landmann, Philosophische Anthropologie
170 Oehlmann, Musik des 19. Jhs.
171/171a Oehlmann, Musik des 20. Jhs.
173 Bruhns-Ramdohr, Petrographie
174 Schlingloff, Religion des Buddhismus I
180 Böhm, Versicherungsmathematik I
184 Blümcke, Textilindustrie I
196/196a Mohr, Grundlagen der allgem. Elektrotechnik
200/200a Gottschald, Dt. Rechtschreibungswörterbuch
210 Bruhns-Ramdohr, Kristallographie
220/220a Moser, Allg. Musiklehre
221/221a Jander-Jahr-Knoll, Maßanalyse
222 Hassak-Beutel-Kutzelnigg, Warenkunde I
223 Hassak-Beutel-Kutzelnigg, Warenkunde II
226/226a Hofmann, Gesch. der Mathematik I
228 Vogel, Landw. Tierzucht
231/231a Ehrlich, Gesch. Israels
238 Krahe, Germ. Sprachwiss. I
243 Mahler-Graewe, Physikal. Aufgabensammlung
247/247a Hofmann-Jander, Qualitative Analyse
250 Lausberg, Romanische Sprachwissenschaft II
252 Vetter, Elektrochemie I
253 Vetter, Elektrochemie II
257 Humburg, Gleichstrommaschine I
264 Lockemann, Gesch. der Chemie I
265/265a Lockemann, Geschichte der Chemie II
270 Kirn, Einführung in die Geschichtswissenschaft
274 Zietemann, Dampfturbinen I
279 Jacob-Hohenleutner, Quellenkunde der deutschen Geschichte I
280 Jacob-Hohenleutner, Quellenkunde der deutschen Geschichte II
281 Leisegang, Einführung in die Philosophie
282 Haltenorth, Säugetiere
284 Jacob-Weden, Quellenkunde der deutschen Geschichte III
318/318a Schmidt-Beckers, Industrielle Kraft- u. Wärmewirtschaft
319 Krug, Australien und Ozeanien
329 Scharrer, Agrikulturchemie I
330/330a Scharrer, Agrikulturchemie II
335 Klug, Fette und Öle
336 Braun-Klug, Seifenfabrikation
342/342a Körting, Heizung und Lüftung I

343 Körting, Heizung und Lüftung II
344 Moser, Musikästhetik
354/354a Valentiner-König, Vektoren und Matrizen
355 Neger-Münch-Huber, Nadelhölzer
356 Lüdemann, Fische
374 Döring, Einf. i.d.th. Physik IV
375 Preller, Geschichte Englands I
389/389a Diels-Mattick, Pflanzengeographie
391 Kolms, Finanzwissenschaft II
394/394a Schilling, Von der Renaissance bis Kant
414/414a Tafel, Hebezeuge
422 Gottschald, Dt. Personennamen
423 Adler-Erlebach, Fünfstellige Logarithmen
432 Borchers, Metallkunde I
433/433a Borchers, Metallkunde II
434 Borchers-Hanke, Metallkunde III
435 Burau, Algebr. Kurven u. Flächen I
436/436a Burau, Algebr. Kurven und Flächen II
439 Jaeckel, Würmer
440 Jaeckel, Weichtiere
441 Jaeckel, Stachelhäuter
442 Hannemann, Schwämme und Hohltiere
443 Gruner-Deckert, Krebse
444 Reichenow Einzeller
445 Asmus, Physikal.-chem. Rechenaufgaben
447/447a Herter, Kriechtiere
448 Haltenorth, Manteltiere
452 Bahrdt-Scheer, Stöchiometrische Aufgabensammlung
468 Großmann, Vermessungskunde I
469 Großmann, Vermessungskunde II
476 Thum-Meysenbug, Die Werkstoffe des Maschinenbaues I
483 Henglein, Lötrohrprobierkunde
492/492a Stolz-Debrunner-Schmid Geschichte der lateinischen Sprache
499 Niese-Küchler, Autogenes Schweißen
500 Simmel, Hauptprobleme der Philosophie
521/521a Marcard-Beyer, Dampfkessel II
536 Lehmann, Kant
538 Rumpf, Archäologie I
539 Rumpf, Archäologie II
540 Rumpf, Archäologie III
557 Nestle-Liebich, Gesch. der griech. Literatur II
561 Matthes, Werkzeugmaschinen I
562 Matthes, Werkzeugmaschinen II
564 Behn-Hoernes, Kultur der Urzeit I
565 Behn-Hoernes, Kultur der Urzeit II
566 Behn-Hoernes, Kultur der Urzeit III
571 Lehmann, Philosophie des 19. Jahrhunderts I
576/576a Moser, Gesangskunst
579 Müller-Schulze, Techn. Tabellen
580/580a Sedlaczek-Fischer-Buch, Walzwerke
583/583a Engel, Maschinen der Eisenhüttenwerke
584/584a Müller, Kinematik
585 Dehnert, Verkehrswasserbau I
587 Kalitsunakis-Steinmetz, Neugriech.-dt. Gesprächsbuch
589 Tochtermann, Maschinenzeichnen I
590 Tochtermann, Maschinenzeichnen II
594 v. Lengerken, Insekten
597 Dehnert, Verkehrswasserbau II
601 Mutschmann-Scherer, Engl. Phonetik
608/608a/608b Erman-Krückmann, Hieroglyphen
619/619a Buchwald, Kristalloptik
665 Ludin-Borkenstein, Wasserkraftanlagen I
666/666a Ludin-Borkenstein, Wasserkraftanlagen II

668 Knopp, Funktionentheorie I
677 Altheim, Röm. Geschichte II
679 Altheim, Röm. Geschichte III
684 Altheim Röm. Geschichte IV
691 Fauser, Kulturtechn. Bodenverbesserungen I
692 Fauser, Kulturtechn. Bodenverbesserungen II
698/698a Schulze Allgemeine u. physikalische Chemie II
703 Knopp, Funktionentheorie II
708/708a/708b Meissner-Oberhuber, Keilschrift
709 Lehmann, Philosophie des 19 Jahrhunderts II
711 Kesselring, Berechnung der Schaltgeräte
714/714a zur Megede, Technik selbsttätiger Regelungen
715 Zietemann, Dampfturbinen II
716 Zietemann, Dampfturbinen III
718 Neger-Münch-Huber, Laubhölzer
728/728a Pirani-Fischer-Runge, Graph. Darstellung in Wissenschaft u. Technik
735 Ekwall, Historische neuengl. Laut- und Formenlehre
746/746a Pfanzagl, Allg. Methodenlehre der Statistik I
747/747a Pfanzagl, Allg. Methodenlehre der Statistik II
756/756a Kalitsunakis, Gramm. d. Neugriech. Volksspr.
763/763a/763b Meyer, Hebräische Grammatik I
764/764a/764b Meyer, Hebräische Grammatik II
765/765a/765b Meyer, Hebräische Grammatik III
768/768a Bieberbach, Einführung in die konforme Abbildung
769/769a Beer-Meyer, Hebräisches Textbuch
770 Schlingloff, Religion des Buddhismus II
776 Kolms, Finanzwissensch. III
780 Krahe, Germ. Sprachwiss. II
781 Weigert Stilkunde II
782/782a Kolms, Finanzwissenschaft IV
786 Schulze, Molekülbau
796/796a Meiners-Wiesenewsky, Elektr. Höchstspannungs-Schaltanlagen
807 Kropp, Erkenntnistheorie
809 Moser Harmonielehre I
810 Moser Harmonielehre II
826 Koch, Philosophie d. Mittelalters
827 Schwaiger, Elektromotorische Antriebe
831 Erismann, Allg. Psychologie I
832/832a Erismann, Allg. Psychologie II
833 Erismann, Allg. Psychologie III
834/834a Erismann, Allg. Psychologie IV
837/837a Baumgartner, Gruppentheorie
845 Lehmann, Philosophie im ersten Drittel des 20. Jhs. I
847 Herter, Lurche
850 Lehmann, Philosophie im ersten Drittel des 20 Jhs. II
851/851a Moede, Psychologie des Berufs- und Wirtschaftslebens
857 Capelle, Griech. Philosophie I
858 Capelle, Griech. Philos. II
859 Capelle, Griech. Philos. III
862 Großmann, Vermessungskunde III
863 Capelle, Griech. Philos. IV
866 Bieler, Röm. Literaturgeschichte II
869 Freye, Vögel
875 Hofmann, Geschichte der Mathematik II
877 Knopp, Aufgabensammlung zur Funktionentheorie I
878 Knopp, Aufgabensammlung zur Funktionentheorie II
881 Humburg, Gleichstrommaschine II
882 Hofmann, Geschichte der Mathematik III
883 Stuloff, Mathematik der neuesten Zeit

893 Treue, Dt. Geschichte von 1806—1890
894 Treue, Dt. Geschichte von 1890 bis zur Gegenwart
902 Müller, Dynamik I
903 Müller, Dynamik II
910 Jaeger, Afrika I
911 Jaeger, Afrika II
915 Sperber-v. Polenz, Gesch. der Deutschen Sprache
917/917a Böhm, Versicherungsmathematik II
920/920a Hoheisel, Gewöhnliche Differentialgleichungen
921 Jantzen-Kolb, W. v. Eschenbach. Parzival
924/924a Brandenstein, Griechische Sprachwissenschaft III
929 Schirmer-Mitzka, Dt. Wortkunde
930 Krull, Elementare und klassische Algebra I
931 Hasse, Höhere Algebra I
932 Hasse, Höhere Algebra II
933 Krull, Elementare und klassische Algebra II
936 Thum-Meysenbug, Werkstoffe d. Maschinenbaues II
942/942a Damerau, Polnische Grammatik
952 Schäfer, Transformatoren
953 Zipperer, Techn. Schwingungslehre I
961/961a Zipperer, Techn. Schwingungslehre II
965 Dehnert, Wehr- und Stauanlagen
970/970a Baldus-Löbell, Nichteuklidische Geometrie
972/972a Herter-Urich, Vergleichende Physiologie der Tiere I
973 Herter-Birukow, Vergleichende Physiologie der Tiere II
978 Kleinlogel, Baustoffverarbeitung und Baustellenprüfung d. Betons
984 Graf, Baustoffe des Hoch- und Tiefbaues
999/999a Kamke, Mengenlehre
1000 Jaspers, Geistige Situat. der Zeit

1003 Hoheisel, Partielle Differentialgleichung
1008/1008a Mellerowicz, Allgem. Betriebswirtschaftslehre I
1009 Bechert-Gerthsen-Flammersfeld, Atomphysik I
1014/1014a Huttenlocher-Ramdohr, Mineral- und Erzlagerstättenkunde I
1015/1015a Huttenlocher-Ramdohr, Mineral- u. Erzlagerstättenkunde II
1017 Döring, Einf. i. d. th. Physik V
1020 Niese-Dienst, Elektrische Schweißverfahren
1031/1031a Apel-Ludz, Philosophisches Wörterbuch
1033 Bechert-Gerthsen-Flammersfeld, Atomphysik II
1034 Kranefeldt-Jung Therapeutische Psychologie
1035 Altheim, Röm. Religionsgeschichte I
1039 Dovifat, Zeitungslehre I
1040 Dovifat, Zeitungslehre II
1044 Tölke, Talsperren
1045 Schubert, Technik des Klavierspiels
1051/1051a Stolberg-Wernigerode, Gesch. d. Vereinigten Staaten
1052 Altheim, Röm. Religionsgeschichte II
1059/1059a Hoheisel, Aufgabenslg. z. d. gew. u. part. Differentialgleichungen
1061 Grodzinski-Lechner, Getriebelehre I
1062 Grodzinski-Lechner, Getriebelehre II
1065 Haller-Dannenbauer, Von d. Karolingern zu den Staufern
1070 Sauter, Differentialgleichungen der Physik
1074 Koschmieder, Variationsrechnung I
1075 Koschmieder, Variationsrechnung II
1076/1076a Endres, Verbrennungsmotoren I

1077 Haller-Dannenbauer, Von den Staufern zu den Habsburgern
1078 Troche, Stahlbetonbau
1082 Hasse-Klobe, Aufgabensammlung zur höheren Algebra
1084/1084a Grigull, Techn. Thermodynamik
1085 Lietzmann-Aland, Zeitrechnung
1086 Müller, Dt. Dichten und Denken
1088 Preller, Gesch. Englands II
1092 Wickop, Fenster, Türen, Tore
1094 Hernried, System, Modulation
1096 Viëtor, Dt. Dichten und Denken
1099 Hoheisel, Integralgleichungen
1105 Hartung, Dt. Geschichte im Zeitalter der Reformation
1108 de Boor-Wisniewski, Mittelhochdeutsche Grammatik
1109 Knopp, Elemente der Funktionentheorie
1111/1111a Naumann-Betz, Althochdt. Elementarbuch
1113/1113a Strubecker, Differentialgeometrie I
1114 Schubel, Engl. Literaturgeschichte I
1115/1115a Ranke-Hofmann, Altnord. Elementarbuch
1116 Schubel, Engl. Literaturgeschichte II
1117 Haller-Dannenbauer, Eintritt der Germanen in die Geschichte
1121 Naumann, Dt. Dichten u. Denken
1122 Feist, Sprechen und Sprachpflege
1123/1123a Bechert-Gerthsen-Flammersfeld, Atomphysik III
1124 Schubel, Engl. Literaturgeschichte III
1125 Lehnert, Altengl. Elementarbuch
1127 Hartmann, Geschlecht u. Geschlechtsbestimmung im Tier und Pflanzenreich
1128 Buchner, Symbiose d. Tiere
1130 Dibelius-Kümmel, Jesus
1131 Scholz-Schoeneberg, Einführung in die Zahlentheorie
1132 Frühauf, Überspannungen
1134 Kuckuck, Pflanzenzüchtung I
1135 Lehnert, Beowulf
1137 Heil, Entwicklungsgesch. d. Pflanzenreiches
1138 Hämmerling, Fortpflanzung im Tier- und Pflanzenreich
1140 Unger, Induktionsmaschine
1141 Koller, Hormone
1142 Meissner-Lehnert, Shakespeare
1144 Gehler-Herberg, Festigkeitslehre I
1145/1145a Herberg-Dimitrov, Festigkeitslehre II
1146 Putz, Synchronmaschine
1147 v. Waltershausen, Kunst d. Dirigierens
1148 Pepping, Der polyphone Satz I
1152 Dehnert, Verkehrswasserbau III
1153/1153a Mellerowicz, Allgem. Betriebswirtschaftslehre II
1154/1154a Mellerowicz, Allgem. Betriebswirtschaftslehre III
1155 Schwartz, Mikrobiologie I
1156/1156a Meinke, Komplexe Berechnungen v. Wechselstromschaltungen
1157 Schwartz, Mikrobiologie II
1158/1158a Mayrhofer, Sanskrit-Grammatik
1159 Jungbluth, Gießereitechnik I
1160 Dibelius-Kümmel, Paulus
1161 Kaestner, Spinnentiere
1162 Seidel, Entwicklungsphysiologie der Tiere I
1163 Seidel, Entwicklungsphysiologie der Tiere II
1164/1164a Pepping, Der polyphone Satz II

1165/1165a Bechert-Gerthsen-Flammersfeld Atomphysik IV
1169 Paulsen, Allgemeine Volkswirtschaftslehre I
1170 Paulsen, Allgemeine Volkswirtschaftslehre II
1171 Paulsen, Allgemeine Volkswirtschaftslehre III
1172 Paulsen, Allgemeine Volkswirtschaftslehre IV
1173/1173a Hamann-Funke-Hermann, Chemie der Kunststoffe
1176/1176a Lorenzen, Form Logik
1178/1178a Kuckuck, Pflanzenzüchtung II
1179/1179a Strubecker Differentialgeometrie II
1180/1180a Strubecker Differentialgeometrie III
1181 Franz, Topologie I
1182/1182a Franz, Topologie II
1183/1183a Nicolas, Finanzmathematik
1184/1184a Endres, Verbrennungsmotoren II
1185/1185a Endres, Verbrennungsmotoren III
1186/1186a Mellerowicz, Allgem. Betriebswirtschaftslehre IV
1187 Lau, Luther
1188/1188a Lehmann, Photogrammetrie
1189/1189a Päsler, Mechanik
1190 Stupperich Melanchthon
1191/1191a Bräuer, Slav. Sprachwissenschaft I
1193 Fürstenberg, Wirtschaftssoziologie
1194 Wendt, Gesch. d. Volkswirtschaftslehre
1195 Ohm Allgem. Volkswirtschaftspolitik I
1196 Ohm, Allgem. Volkswirtschaftspolitik II
1197/1197a Onasch, Einf. in die Konfessionskunde der orthodoxen Kirchen
1198 Engel, Straßenverkehrstechnik
1199 Lausberg, Romanische Sprachwissenschaft III, 1. Teil
1200/1200a Lausberg, Romanische Sprachwissenschaft III, 2. Teil
1201/1201a Dehn, Versuche zur allgem. u. phys. Chemie
1202/1202a Nagel, Gesch. des christl. Gottesdienstes
1203 Wendland, Sozialethik
1204 Scheurig, Zeitgeschichte
1205/1205a Hofmann Ideengeschichte d. soz. Bewegung
1206/1206a Langen Lineare Programmierung
1208 Lausberg, Romanische Sprachwissenschaft IV
1209/1209a Bock, Therm. Verfahrenstechnik I
1210/1210a Bock. Therm. Verfahrenstechnik II
1211/1211a Bock, Therm. Verfahrenstechnik III
1212/1212a Hilf, Arbeitswissenschaft
1213/1213a Kosiol, Buchhaltung und Bilanz
1216/1216a Bauer, Wahrscheinlichkeitstheorie I
1217 Bauer, Wahrscheinlichkeitstheorie II
1218/1218a/1218b Meid, Germ. Sprachwiss. III
1219 Schmidt-Clausing, Zwingli
1220/1220a Zemann, Kristallchemie
1221 Gerdes, Kierkegaard
1222 Tschižewskij, Slav. Literaturen I
1223 Tschižewskij, Slav. Literaturen II

Autorenregister

Printed in Germany 150. II. 66

FSC
www.fsc.org
MIX
Papier | Fördert gute Waldnutzung
FSC® C083411

Zeitfracht Medien GmbH
Ferdinand-Jühlke-Straße 7
99095 Erfurt, Deutschland
produktsicherheit@kolibri360.de